統計学の基礎

片野 修一郎 著

ムイスリ出版

はしがき

　本書は，20世紀以降に発展した統計学，それも特に19世紀とは鮮明な対照をなすいわゆる推測統計学の基礎部分をできる限り丁寧に解説することを目的として執筆された。理科系大学で1年次に学ぶ程度の微分積分学の予備知識を仮定してはいるが，細かい事実にまで精通している必要はなく，むしろ定積分が面積を表すことが理解できているとか，和記号 $\sum$ の計算がきちんとできるといった数学の土台を構成する素養を必要としていると言う方が正しいかもしれない。したがって，そのような素養がありさえすれば高校生でも無理なく読めるものと信ずる。ひとつだけ言うならば，自然対数の底 e を底とする指数関数に十分慣れていることは望まれる。

　本書は，筆者が勤務する東京薬科大学薬学部2年次における統計学の講義がベースになっている。そのため，入門的な統計学の半期講義の教科書として使用するのにも適切な内容になっているかと思う。

　統計学の教科書は数多出版されており，そこに敢えて屋上屋を架すからには，存在意義がなければいけないと常に自分を戒めながら執筆を進めてきた。本書の特徴を挙げるとするならば，人名を冠した公式の陳列棚のような網羅的な記述を初めから積極的に放棄して，意味や基礎概念に的を絞って推測統計学の考え方を易しく説明することに心を砕いたこと，そのために多くの図や例題を置いたこと，統計学の理論の構築に功績のあった人々を随所で紹介したこと，ということになろうか。読者にとっての理解しやすさや読みやすさと，数学的記述の厳密性が拮抗して選択を迫られた場面では，躊躇なく前者を優先したつもりである。しかしながら，数学の魅力のひとつである

透徹した論理性も損なわれないよう心がけた．数学のあまり得意でない読者にも挫けず読み進められ，本文だけを読んでも統計学の考え方を十分に身につけてもらえるように，面倒な数式計算の多くを巻末付録に回し，本文をすっきりさせたことも特徴として挙げてよいかもしれない．

一方，この種の統計学の教科書ではまず取り上げられることのない，円周率 π の乱数性の検定や擬似乱数についての記述も試みた．医療薬学分野に限らず，数理統計学に興味をもつすべての読者に，その入門的部分を解説し得るものになるよう努めたつもりである．いずれにしても，うまく実現できているか，効果をあげているかどうかは読者の批判に俟つ他はない．

本文中の問や演習問題は理解を助けるものであるから，ぜひ試みてもらいたい．♯記号が付してある問題は理論的なもので，やや難しく感じるかもしれない．数学が得意でない読者は無視してもらって一向に差し支えない．また，各章の冒頭にはキーワードが紹介されている．これは，各章を学んだ後にキーワードを振り返って，何も見ずにそれらが説明できるか，話の流れが浮かんでくるか，を確かめてもらうために発案したものである．回帰分析と分散分析についての入門的な解説も含めたかったのだが，これは残念ながら時間が許してくれなかった．

最後に，筆者の部屋を突然訪ねて来られ，本書の執筆を強く勧めて下さったムイスリ出版の橋本有朋氏には，遅筆の筆者を最後まで辛抱強くお待ちいただいたことを，また，編集部には，出版間際まで丁寧に校正をして下さったことを深謝したい．なお，本文中の肖像はすべて Wikipedia から転載した．本書は，2011 年 1 月 30 日に永眠した亡き父に捧げたいと思う．

—— Et in terra pax hominibus banae voluntatis.

2016 年 3 月

片野 修一郎

目次

はしがき　　iii

第1章　データ処理　　1
 1.1　イントロダクション　.　.　.　.　.　.　.　.　.　.　.　.　.　.　.　.　.　1
 1.2　度数分布表　.　2
 1.3　ヒストグラムと度数折れ線　.　.　.　.　.　.　.　.　.　.　.　.　.　4
 1.4　代表値　.　6
  1.4.1　平均値　.　.　.　.　.　.　.　.　.　.　.　.　.　.　.　.　.　.　.　6
  1.4.2　中央値，最頻値　.　.　.　.　.　.　.　.　.　.　.　.　.　.　10
 1.5　散布度　.　11
  1.5.1　分散，標準偏差　.　.　.　.　.　.　.　.　.　.　.　.　.　.　11
  1.5.2　分散の定義についての注意　.　.　.　.　.　.　.　.　.　14

第2章　確率の基本事項　　17
 2.1　確率の定義　.　17
 2.2　場合の数　.　19
 2.3　事象の独立性　.　.　.　.　.　.　.　.　.　.　.　.　.　.　.　.　.　.　.　20
 2.4　ベルヌーイ試行　.　.　.　.　.　.　.　.　.　.　.　.　.　.　.　.　.　.　25

第3章　確率変数と確率分布　　29
 3.1　確率変数　.　29
 3.2　連続型確率変数　.　.　.　.　.　.　.　.　.　.　.　.　.　.　.　.　.　.　30

3.3	確率(密度)関数	31
3.4	確率(密度)関数の当てはまり	34
3.5	期待値または平均	36
3.6	2項分布	39

第4章　正規分布　41
4.1	正規分布とその特性	41
4.2	標準正規分布表の読み方と実際の計算	45
4.3	中心極限定理	49
4.4	なぜ正規分布が重要なのか	54

第5章　正規分布から派生する分布　57
5.1	χ^2 分布	57
5.2	t 分布	60
5.3	F 分布	62

第6章　母集団と標本　65
6.1	母集団と標本	65
6.2	推測統計学における標本の役割	67
6.3	標本分布	70
6.4	母平均推定の原理	73
6.5	標本の抽出	74

第7章　統計的推測論　79
7.1	点推定	79
	7.1.1　不偏推定量	80
7.2	区間推定	86
	7.2.1　母平均の区間推定（母分散既知）	87
	7.2.2　母平均の区間推定（母分散未知）	90
	7.2.3　母比率の区間推定	94
	7.2.4　母分散の区間推定	96

第 8 章　統計的仮説検定　　101

- 8.1　仮説検定の考え方 101
- 8.2　仮説検定の流れ――母平均の検定 103
- 8.3　母分散の検定 110
- 8.4　等分散検定 111
- 8.5　母平均の差の検定 113
  - 8.5.1　母分散が既知の場合 113
  - 8.5.2　母分散が未知だが等しい場合 115
- 8.6　等比率検定 118
- 8.7　多群間の比較検定 120
- 8.8　適合度の検定 121
- 8.9　独立性の検定 125
  - 8.9.1　2×2 分割表 128

付録 A　度数分布表の平均　　135

付録 B　2 項分布の平均と分散, χ^2 分布　　137

- B.1　2 項分布の平均と分散 137
- B.2　χ^2 分布の確率密度関数 141

付録 C　無限積分　　143

付録 D　確率変数の平均・分散の性質　　147

- D.1　1 次元の場合 147
- D.2　多次元の場合 148
- D.3　標本分散が母分散の不偏推定量でないこと 152

付録 E　正規分布の平均と分散　　155

付録 F　ガンマ関数とベータ関数　　157

付録 G　線型合同法による擬似乱数の周期　　159

付録 H　　ピアソンの離散型 χ^2 値	163
問・演習問題の解答	165
参考文献	179
数表	181
索引	192

第1章

データ処理

> **キーワード**　度数分布，平均値，中央値，最頻値，分散，標準偏差，偏差，自由度

1.1　イントロダクション

　数学とはあまり縁のない生活を送っている大多数の国民にとって，統計学とは多くのデータを整理して棒グラフや折れ線グラフに描いて分析するもの，という程度の認識で留まっているのが現実ではなかろうか．この本を手に取っている方々の中には，たとえば偏差値の意味について説明できる人もいるかもしれないが，それとてもデータの整理というカテゴリーを超えるものではない．本書の目的は，そのようなデータの整理法について詳しく論じることにあるのではなく，確率論という数学（解析学）に基づいて，標本から母集団の統計的性質を推測したり検定したりする理論に読者を道案内することにある．総選挙の際に，各テレビ局が開票率0%の段階で当確情報を発信したり，内閣支持率のような世論調査をたった3,000人程度に聞き取りしただけで大新聞やNHKが堂々と発表したりするが，実は数学に基いた統計的推測論がこれらの根拠を支えているのである．このように，身近なところで我々は高度な統計学のお世話になっているわけである．とはいえ，まずは簡単なデータの処理法を学びながら，統計学で使われる基本概念の定義をこの章でしっかり身につけることが先決である．

1.2 度数分布表

下の数値データは，ある中学校の生徒 30 人に実施した数学の試験の得点である。

54	71	59	38	44	42	27	36	74	36
8	36	28	57	38	48	49	28	44	47
63	81	48	23	48	54	19	27	53	44

このまま眺めていても全体像や特徴を掴むことは難しい。そこで，これを次のような表にまとめ直してみると，たちまち全体像が見えてくる。

表 1.1

階級	階級値	度数	相対度数
0^{以上} 〜 10^{未満}	5	1	0.03
10 〜 20	15	1	0.03
20 〜 30	25	5	0.17
30 〜 40	35	5	0.17
40 〜 50	45	9	0.30
50 〜 60	55	5	0.17
60 〜 70	65	1	0.03
70 〜 80	75	2	0.07
80 〜 90	85	1	0.03
90 〜 100^{以下}	95	0	0.00
計		30	1.00

この表の意味は明らかだと思うが，最初なのできちんと説明しておこう。このように，データの存在する範囲を適当な区間に分割して考えるとき，統計学ではその各区間を **階級**，各階級に属しているデータの個数を **度数** と呼ぶ。今の場合，度数とは人数に他ならないが，一般的には個数であったり日数であったりするので，このようなニュートラルな呼び方をするのである。

1.2 度数分布表

　100 点満点の試験の点数が対象なので，常識的に 10 点台，20 点台，…というように 10 点刻みで分けたが，他のデータ（たとえば実験の測定値）のときは，データの最小値と最大値に注目して適切に分けることが必要である。

　また，階級の真ん中の値（＝階級の下端と上端との平均値）をその階級の**階級値**という。その階級を代表している値というほどの意味である。各階級の度数をデータ総数で割った値がその階級の**相対度数**である。相対度数の総和が 1 になることは言うまでもないが，大切なことである[*1]。表 1.1 のような表を**度数分布表**という。

注意 1.1　試験の点数は整数値しかとらないのだから，階級は 0 以上 9 以下，10 以上 19 以下，…のように書くべきではないかと思った読者もいるかもしれないが，整数値しかとらないデータでは，「0 以上 10 未満」と「0 以上 9 以下」は同値だからこれでいいのである。それに，0 以上 9 以下と表記すると，階級幅が 9 のように見えて少々収まりが悪いということもある。100 点を 10 個の階級に分けたのだから，一つひとつの階級幅は $100/10 = 10$ と考える方が自然であり，それが素直に目に入ってくる方がいいのである。整数のようなとびとびの値しかとらないデータを**離散型**データという。これに対して，ベターッと連続した数値をとるデータは**連続型**データという。また，表 1.1 の最後の階級だけ以上〜以下になっているが，これも致し方ないことが納得できるだろう[*2]。

注意 1.2　表 1.1 では誰もが階級の数を 10 にとることに納得したと思う。これを 2 個にしたら 50 点刻みになって全く無意味な表になってしまう。逆に 5 点刻みで 20 個の階級に分けたら，今度は細か過ぎて却って見づらいだろう。データ数に対して，適切な階級の数というものがあるのである[*3]。

[*1] 相対度数を四捨五入して求めれば，その総和が見かけ上 1 にならない場合がある。
[*2] 細かいことが気になる性質の人は，「90 以上 100 未満」と「90 以上 100 以下」では階級幅は同じなのかと思ったかもしれないが，（1 点の測度は 0 なので）同じでいいのである。
[*3] 適切な階級の数を与える目安として Sturges の公式なるものがある。興味のある人は調べてみたらよい。筆者にはくだらない公式だとしか思えない。

1.3 ヒストグラムと度数折れ線

表 1.1 の度数分布表を柱状の**ヒストグラム**に表すとデータの特徴が一目瞭然となる（図 1.1）。

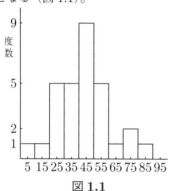
図 1.1

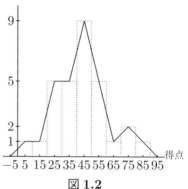
図 1.2

ヒストグラムの横軸には階級値が記入されているが，特に決まりがあるわけではないので，階級の境界値を書き入れてもよい。

ヒストグラムの各長方形の上辺の中点を結んで得られる折れ線グラフを**度数折れ線**という（図 1.2）。ただし，左右両端には度数 0 の架空の階級を追加して（両端が接地するように）描く。理由は次の問 1.3 による。

問 1.3 ヒストグラムの長方形の面積の総和が，度数折れ線と横軸とで囲まれた部分の面積に一致することを示せ（単位は度外視する）。

注意 1.4 我々は得点分布の特徴を捉えるために図 1.1 のヒストグラムを描いたことを忘れてはならない。もし，学年全体 300 人についても同じようにヒストグラムを描いたとすると何が起こるだろうか。当然ながら縦軸の度数が大きくなるために，ヒストグラムの高さが全体的に比較にならないほど高くなるであろう。すると，特定の 1 クラスの分布と学年全体の分布の特徴とを比較することが難しくなってしまう。このような状況は，ヒストグラムの面積がデータ数に関係なく常に 1 になるように縦軸を（各度数を比例按分するように）取り直すことで回避できる。もともと横軸と縦軸の単位は全く違うので，このようなスケール変換をしても差し支えない。

1.3 ヒストグラムと度数折れ線

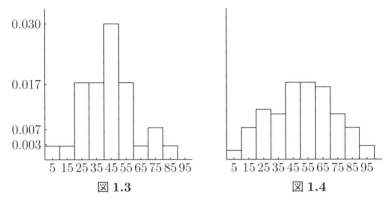

図 1.3　　　　　　　　図 1.4

図 1.3 は，図 1.1 の縦軸を相対度数/10 に取り直したものである．ふたつのヒストグラムは全く同じように見えるが，縦軸の意味が違っていることに注意せよ．たとえば，一番高い長方形の面積は，$0.03 \times 10 = 0.3$ となって，その階級の相対度数に等しい．したがって，ヒストグラム全体の面積は 1 である．

一方，図 1.4 は学年全体 300 人について同じ要領で作成したヒストグラムである．ふたつのヒストグラムはやや違った形状を示しており，このクラスの数学の得点が学年全体に比べてやや低い方に集中する傾向があることなどが読み取れる．

問 1.5　階級値 55 の長方形は，図 1.3 と図 1.4 とで縦軸の値が同じであるとする．このとき，学年全体では，その階級には何人の生徒がいることになるか．

第 3 章以降の本論への準備として，ヒストグラムに関して感覚的にわかっておいて欲しいことがある．次ページの図 1.5 は，統計ソフト R を用いて，正規分布という有名な分布に従って発生させた乱数の度数分布を，ヒストグラムの面積が 1 になるように描いたものである．(データ数, 階級数) は左から順に $(500, 20)$, $(10000, 50)$, $(100000, 100)$ である．データ数が増えるにつれて階級幅も小さくしていくと，ヒストグラムの上辺が（度数折れ線を描かなくても）次第に滑らかな曲線に収束してゆく様子が観察できる．

図 1.5

1.4 代表値

データが与えられたとき,その特徴を何かひとつの数値で表現することができたら便利である.そのような数値のことを**代表値**という.主な代表値としては,平均値・中央値・最頻値の 3 種類がある.

1.4.1 平均値

n 個のデータ $x_1, x_2, \cdots, x_n$ があるとき,

$$\overline{x} = \frac{x_1 + x_2 + \cdots + x_n}{n} = \frac{1}{n}\sum_{i=1}^{n} x_i \tag{1.1}$$

をその**平均値**というのであった.エックスバーと読む.これら n 個のデータには同じ値が何度も現れることがあるから,それらを度数分布表に表して

データ	x_1	x_2	$\cdots$	x_k	計
度数	f_1	f_2	$\cdots$	f_k	n

となったときは次式で計算する;

$$\overline{x} = \frac{f_1 x_1 + f_2 x_2 + \cdots + f_k x_k}{n} = \frac{1}{n}\sum_{i=1}^{k} f_i x_i. \tag{1.2}$$

1.4 代表値

さて，初めから表 1.1 のような度数分布表だけを与えられて，平均点を計算しなければならないことになったらどうしたらいいだろう。生のデータが不明なので，たとえば 30 点以上 40 点未満の生徒 5 人が実際に何点をとったのかがわからない。5 人とも 30 点かもしれないし，5 人とも 39 点かもしれない。

このときは，式 (1.2) で各データ x_i がすべて階級値だと思って計算してよい。すなわち，各階級に属する生徒がすべて階級値の得点を取ったものと仮定して計算して構わないのである；

$$\overline{x} = \frac{5\cdot 1 + 15\cdot 1 + 25\cdot 5 + 35\cdot 5 + 45\cdot 9 + 55\cdot 5 + 65\cdot 1 + 75\cdot 2 + 85\cdot 1}{30}$$
$$= 43.33\,(点).$$

実は本当の平均点はちょうど 44 点である。一見どんぶり勘定のような計算にしては驚くほど近いと感じるのではなかろうか。この理由については，巻末付録 A で解説する。

今後，非常に重要な意味をもってくる概念をここでひとつ紹介しておくとしよう。n 個のデータ $x_1, x_2, \cdots, x_n$ の各値から平均 $\overline{x}$ を引いた差

$$x_1 - \overline{x},\ x_2 - \overline{x}, \cdots, x_n - \overline{x}$$

のことを**偏差** (deviation) と呼ぶ。これは，各データが平均からどのくらいずれているかを表すひとつの指標である。これに関して，次の例題は（当たり前だが）大切である。

【例題 1.6】 偏差の総和は 0 であること，すなわち次の等式が成り立つことを示せ。

$$\sum_{i=1}^{n}(x_i - \overline{x}) = 0.$$

解答 平均値の定義式 (1.1) から直ちに導かれる $x_1+x_2+\cdots+x_n=n\overline{x}$ に注意するだけでよい。

$$\sum_{i=1}^{n}(x_i-\overline{x}) = (x_1-\overline{x})+(x_2-\overline{x})+\cdots+(x_n-\overline{x})$$
$$= (x_1+x_2+\cdots+x_n)-n\overline{x}$$
$$= 0.$$

平均というのはあまりに日常的に使われる概念なので，その意味が却って見え難くなっているという側面があることは否定し得ないが，**平均とは偏差の総和が（±が打ち消しあって）0 になるように定められた値**なのだということを改めてこの機会に認識して欲しい。

中学・高校時代，試験のたびに「平均点は何点？」としつこく先生に聞いた経験のある読者はいないだろうか。このようなことを気にする背景には次のような認識があるに違いない。
- 平均点周辺が最も度数が多い層である。
- 平均点が分布のちょうど真中辺りである。

今から，この認識が単なる思い込みに過ぎないことをお目にかけよう。

【例題 1.7】 (1) 次表はある中学校のクラスの数学の定期試験の結果である。

得点	0	10	20	30	40	50	60	70	80	90	100	計
度数	3	4	5	3	0	0	0	3	5	4	3	30

この分布をヒストグラムに描き，平均点を（できればじーっと見ただけで）求めよ。何がわかったか。

(2) 次表はあるマンションの住人の昨年の年収の調査結果である。

年収（万円）	200	300	400	500	$\cdots$	1200	$\cdots$	5000	計
度数	3	7	5	3	$\cdots$	1	$\cdots$	1	20

この分布をヒストグラムに描き，平均年収を求めよ。何がわかったか。

解答と解説（1）ヒストグラムは下のようになり，平均点は 50 点である。

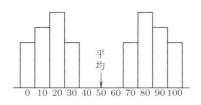

しかし，平均点付近には誰もいない。試験の得点分布は図 1.1 や図 1.5 のようになることが多いのだが，近年の数学の試験では，このように両端に山ができることがままある。

（2）ヒストグラムは次のようになり，平均年収は 620 万円である。何も知らないでこの情報だけを聞いたら，平均以下の住人 18 人はどう思うであろうか。でも，これは決して作り話ではない。既に 2000 年の統計で[*4]，アメリカの企業経営者の平均給与は労働者のそれの 500 倍である。このように，**飛び離れたデータがひとつでもあると，平均はそちらに引っ張られる**性質があることをよく頭に留めておいて欲しい。

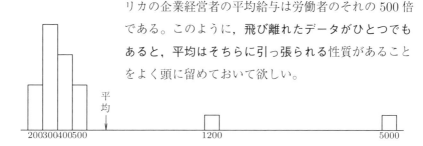

なぜこのようなことが起こるのかというと，**平均とは重心に他ならない**からである。ある物体の位置ベクトル $\vec{x_1}, \cdots, \vec{x_n}$ の位置に，それぞれ質量 $m_1, \cdots, m_n$ の質点があるとき，この物体の重心を表す位置ベクトルは

$$\frac{m_1\vec{x_1} + \cdots + m_n\vec{x_n}}{m_1 + \cdots + m_n} \tag{1.3}$$

である。$m_1, \cdots, m_n$ が度数（人数），各ベクトルが得点や年収だと思えば，式 (1.3) は平均値の定義式と同じ形をしていることがわかるであろう。重心とは質量中心，すなわち剛体の重さを 1 点で支えるときの釣り合いの位置のことであるから，上のように飛び離れたデータがあれば，釣り合いの位置がそちら側に引っ張られることは納得できるであろう。

[*4] 施 光恒『英語化は愚民化』（集英社新書，2015）p.133

1.4.2 中央値，最頻値

例題 1.7 (2) のような歪んだ分布に対しては，平均値がその特徴を必ずしも適切に表し得ないことがわかった。そのため，平均値を補完する代表値としてよく使われるものに中央値と最頻値がある。

データを大きさの順に並べたとき，ちょうど真ん中にあるデータを**中央値** (median) という。並べ方は大きい順でも小さい順でもどちらでもよいし，同じデータが何個あってもよい。たとえば，大きさの順に並べられた 5 個のデータ

$$x_1, x_2, x_3, x_4, x_5$$

の中央値は x_3 である。6 個のデータ

$$x_1, x_2, x_3, x_4, x_5, x_6$$

の場合は，x_3 と x_4 の平均値 $(x_3 + x_4)/2$ が中央値となる。データが偶数個のときはいつもこのように考える。

例 1.8 データ $2, 2, 2, 5, 8$ の中央値は 2 である。3 個ある 2 をひとつにまとめて，中央値を 5 としてはいけない。例題 1.7 (2) では，下から 10 番目が 300 万円，11 番目が 400 万円なので，中央値は 350 万円となる。350 万円が代表値だというならマンション住民も納得できるだろう。このように，飛び離れた値（外れ値ともいう）をもつデータでは，平均値よりも中央値の方が実態をよく表していることが多い。

度数が最大のデータを**最頻値** (mode) という。読んで字の如く，最も頻繁に現れる値，すなわちヒストグラムで最も高い柱を与えるデータのことである。中央値と同じく最頻値も外れ値の影響を受けないので，統計調査の性格によっては平均値よりも優れていることがある。

問 1.9 例題 1.7 のそれぞれの最頻値を求めよ。

1.5 散布度

問 1.10 データ群 $A = \{4, 5, 5, 5, 6\}$ と $B = \{2, 2, 5, 8, 8\}$ の平均値が一致することを確認せよ．平均値が一致していることから A と B は同じような性格のデータであると判断してよいか考えよ．

問 1.11 右のふたつの曲線は，図 1.5 のように，データ数を大きくすると同時に階級幅を小さくしていったときに度数折れ線が収束してゆく曲線で，縦軸に関して対称であるとする．
A, B の平均値・中央値・最頻値はすべて 0 であることを確認せよ．

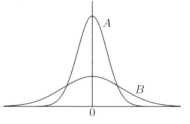

このふたつの問は，**代表値だけでは分布の特徴はわからない**ということを示唆している．データの平均値への集中度のことを俗にばらつき具合というが，上で比較対照した分布はまさにばらつき具合が違うのである．そこで，代表値と同じくばらつき具合も数値で表そうとしたものが**散布度**と呼ばれる指標で，分散・標準偏差，範囲，4 分位偏差などがある．本書では分散・標準偏差のみを取り上げる．

1.5.1 分散，標準偏差

分散の定義 (1)

データ $x_1, x_2, \cdots, x_n$ に対し，偏差の 2 乗和をデータ数 n で割った

$$s^2 = \frac{(x_1 - \overline{x})^2 + (x_2 - \overline{x})^2 + \cdots + (x_n - \overline{x})^2}{n} = \frac{1}{n}\sum_{i=1}^{n}(x_i - \overline{x})^2$$

を**分散** (variance) という．s ではなく s^2 と書くことに注意されたい．

ばらつき具合を見るには偏差を考えるのは自然であり当然でもあることを
よく納得しておく必要がある。しかし，2 乗しないで単純に偏差の平均

$$\frac{1}{n}\sum_{i=1}^{n}(x_i - \overline{x})$$

をとると，この値は常に 0 になってしまうことを我々は例題 1.6 で学んでい
る。だからこれは，ばらつき具合を表す指標としては使いものにならない。

問 1.12 (1)（上の説明を受けて）それゆえ分散の定義では偏差を 2 乗しているわ
けだが，2 乗することの別の意味を考えよ。

(2) 平均をとらない（＝度数 n で割らない）単なる偏差の 2 乗和

$$\sum_{i=1}^{n}(x_i - \overline{x})^2$$

ではなぜいけないのだろうか。

問 1.13 問 1.10 のデータ群 A, B の分散をそれぞれ求め，分散の値の大小とば
らつき具合の関係を認識せよ。

【例題 1.14】（分散の簡便計算法[*5]）$1, 2, 4$ という三つのデータの分散を
計算せよ。

解答と解説 平均は $\overline{x} = 7/3 = 2.333\cdots$ となるが，多少の誤差は覚悟の
上で $\overline{x} = 2.33$ にしたとしても

$$s^2 = \frac{(1-2.33)^2 + (2-2.33)^2 + (4-2.33)^2}{3}$$

となって，計算機なしでこれを計算するのは嫌だ。小数に直さずに分数のま
ま計算しても面倒である。

$\boxed{\text{分散の簡便計算法}}$ 分散 s^2 は次のようにも計算できる；

$$s^2 = \overline{x^2} - \overline{x}^2 = (2\,乗したデータの平均) - (平均の 2 乗).$$

[*5] 表計算ソフト Excel が人口に膾炙した現在では意義が薄れてきたことは否めない。

1.5 散布度

証明
$$s^2 = \frac{1}{n}\sum_{i=1}^{n}(x_i-\overline{x})^2 = \frac{1}{n}\sum_{i=1}^{n}(x_i^2 - 2\overline{x}\,x_i + \overline{x}^2)$$
$$= \frac{1}{n}\sum_{i=1}^{n}x_i^2 - 2\overline{x}\cdot\frac{1}{n}\sum_{i=1}^{n}x_i + \overline{x}^2\cdot\frac{1}{n}\sum_{i=1}^{n}1$$
$$= \frac{1}{n}\sum_{i=1}^{n}x_i^2 - 2\overline{x}\cdot\overline{x} + \overline{x}^2\cdot\frac{1}{n}\cdot n$$
$$= \frac{1}{n}\sum_{i=1}^{n}x_i^2 - 2\overline{x}^2 + \overline{x}^2 = \frac{1}{n}\sum_{i=1}^{n}x_i^2 - \overline{x}^2.$$

これによれば，上のデータの分散は，

$$s^2 = \frac{1^2+2^2+4^2}{3} - \left(\frac{7}{3}\right)^2 = \frac{14}{9} = 1.56$$

のように分数のまま簡単に計算できる。

標準偏差の定義 (1)

$$\text{標準偏差}\ s = \sqrt{s^2} = \sqrt{\frac{1}{n}\sum_{i=1}^{n}(x_i-\overline{x})^2}.$$

ばらつき具合を知りたいなら分散だけで良さそうなものなのに，わざわざ平方根をとったものまで考えるのはなぜだろう。たとえば，データに cm という単位がついていると，分散の単位は cm^2 となってしまう。こういう事態を避けるために $\sqrt{}$ をとって同じ単位に戻したものが**標準偏差**（standard deviation）である。

平均値が必ずしも実態を代表しないことを例題 1.7 でみたが，それでも平均値と分散がデータの特性を決める最も重要な量であることに変わりはない。その理由は，それらの計算には全てのデータが平等に使われるからである。対して，たとえば中央値や最頻値は全データの使われ方が希薄である。

1.5.2 分散の定義についての注意

実験データの整理などに際して，分散（標準偏差）を初めから次のように定義する場合がある。

分散・標準偏差の定義 (2)

データ $x_1, x_2, \cdots, x_n$ に対し，偏差の 2 乗和を $n-1$ で割った

$$s^2 = \frac{(x_1-\overline{x})^2 + (x_2-\overline{x})^2 + \cdots + (x_n-\overline{x})^2}{n-1} = \frac{1}{n-1}\sum_{i=1}^{n}(x_i-\overline{x})^2$$

を**分散**という。同様に

$$s = \sqrt{s^2} = \sqrt{\frac{1}{n-1}\sum_{i=1}^{n}(x_i-\overline{x})^2}$$

を**標準偏差**という。

データ数が n であるとき，定義 (1) では n で割り，定義 (2) では $n-1$ で割っているのである。これは，どちらが正しいというより立場の違いに基づいているのだが，それをきちんと説明しない実験手順書などが多いため，常々混乱の対象となっている。きちんとした説明は第 7.1 節および巻末付録 D に譲り，ここでは「なるほど $n-1$ で割るのもありかな」という程度のフィーリングだけでも理解してもらおうと思う。

n 個のデータ $x_1, x_2, \cdots, x_n$ の平均 $\overline{x}$ は

$$\overline{x} = \frac{x_1 + x_2 + \cdots + x_n}{n}$$

であるが，$x_1, x_2, \cdots, x_n$ には互いに何の関係もない。x_1 の値がわかったら x_2 の値がわかるというものではない。これら n 個は全く脈絡なしの勝手な値でよいのである。

それに対し，分散の定義で使われる n 個の偏差

$$x_1 - \overline{x},\ x_2 - \overline{x}, \cdots, x_n - \overline{x}$$

1.5 散布度

は，例題 1.6 で学んだように，全部加えたら 0 になるという特殊な性質をもっている．したがって，たとえば $n-1$ 個の値 $x_1 - \overline{x}, \cdots, x_{n-1} - \overline{x}$ がわかったら，残った $x_n - \overline{x}$ の値はわかってしまう．

問 1.15 直前に述べたことをきちんと確かめよ．

$a+b+c=0$ なる関係があって，たとえば $a=2, b=1$ だとわかったら $c=-3$ に決まってしまうという当たり前のことを言っているのである．このような a, b, c に対して 2 乗和 $a^2+b^2+c^2$ を作ると，$c=-a-b$ なので，実際には
$$a^2 + b^2 + c^2 = a^2 + b^2 + (-a-b)^2$$
のように a, b しか使われていない式になってしまう．このような制約条件のある a^2, b^2, c^2 のばらつき具合を考えるとき，3 ではなく 2 で割ってもいいのかな，という感じはしてこないだろうか．分散を考えるとき，n ではなく $n-1$ で割る理由も同じである．

$x_1, x_2, \cdots, x_n$ たちは互いに無関係なのに，n 個の偏差には「足して 0」という制約条件がついてしまう理由は，偏差にはそれら n 個のデータから計算した平均値 $\overline{x}$ が組み込まれているからである．読者はこの仕組みを感覚的によくわかっておくとよい．

全く無関係に自由に動き回れるデータの個数を**自由度**というが，この言葉を使うなら，データ $x_1, x_2, \cdots, x_n$ の自由度は n，偏差 $x_1 - \overline{x}, x_2 - \overline{x}, \cdots, x_n - \overline{x}$ の自由度は $n-1$ だということになる．

第 1 章を締めくくるに当たってひとつ注意を与えておこう．

データという言葉について

データという言葉を何気なく使ってきたが，第 6 章以降では，データとはより正確に"標本データ"という意味で使われる．本書の目的である推測統計学においては，母集団と標本とを明確に区別することが必要になるからである．

演習問題1

1 3人の学生の平均点が60点，別の5人の学生の平均点が70点であるとき，8人全員の平均点は65点か。もし違うならどこがおかしいのか。次に，n 個のデータの平均が $\bar{x}$，m 個のデータの平均が $\bar{y}$ であるとき，全部を合わせた $n+m$ 個のデータの平均 $\bar{z}$ を与える式を求めよ。

2 下図の曲線は，データ数を大きくすると同時に階級幅を細かくしていったときのヒストグラムの極限として得られる曲線である。このような度数分布において，平均値・中央値・最頻値の大小関係はどうなると予想されるか。次に，それに似た例題 1.7 (2) の分布の平均値・中央値・最頻値を求めて自分の予想が正しかったかどうか確認せよ。

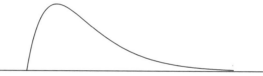

3 与えられた n 個のデータ $x_1, x_2, \cdots, x_n$ に対して，実数 α との偏差2乗和
$$S(\alpha) := \sum_{i=1}^{n}(x_i - \alpha)^2 = (x_1 - \alpha)^2 + (x_2 - \alpha)^2 + \cdots + (x_n - \alpha)^2$$
を作るとき，$S(\alpha)$ が最小になるのは $\alpha = \bar{x}$ のときであることを示せ。

4 データ $x_1, x_2, \cdots, x_n$ を大きさの順に並べ，小さい方から 1/4 の所にあるものを Q_1，3/4 の所にあるものを Q_3 としたとき，
$$Q := \frac{1}{2}(Q_3 - Q_1)$$
を **4分位偏差** という。ちょうどその位置に当たるデータがないときは比例配分で求める。1.2節の30人の得点データについて，4分位偏差 Q を求めよ。

第 2 章

確率の基本事項

> キーワード　試行，確率モデル，乗法定理，事象の独立，ベルヌーイ試行

2.1 確率の定義

　本書では，確率空間といったような耳慣れない抽象的な数学用語は一切用いない方針であるので，高等学校で学んだ確率についての基礎知識を復習しつつ，今後必要になる概念を順を追って解説する。

　サイコロを振るとかくじを引く，といった偶然に支配された手続きや実験，観測などを**試行**と呼ぶ。前もって結果を予測できないのが試行の特徴である。ある試行によって起こり得るすべての結果の集合を**全事象**と呼び，Ω と記す。また，自分が注目している結果を一般に**事象**といい，$A, B, \cdots$ などのアルファベット大文字で表す。そのうえで事象 A の起こる**確率** $P(A)$[*1]を

$$P(A) = \frac{A \text{ の起こる場合の数}}{\Omega \text{ の場合の数}} \tag{2.1}$$

で定義することは高等学校までに学んだ通りである。

　例 2.1　ひとつのサイコロを投げるという試行の結果，素数の目が出るという事象を A とすると，$\Omega = \{1, 2, 3, 4, 5, 6\}$, $A = \{2, 3, 5\}$ であるから，$P(A) = 3/6 = 1/2$ となる。

[*1] P は，確率を意味する英語 Probability の頭文字である。

例 2.2 常に $P(\Omega) = 1$ である。

例 2.3 **実験における測定は試行である。**試行が「でたらめ」という言葉と強く結びつき過ぎると，サイコロ投げやくじ引きのようなものしか思い浮かばなくなる恐れがあるので注意されたい。たとえば，理論的に 10g という結果が予測できる実験でも，測定値は 10g の周りにばらつく。このばらつきは測定誤差によるもので，絶対に避けることができない。人間はこの誤差までコントロールすることはできないのである。測定誤差が実験者のコントロールを離れた偶然に支配されたものである以上，測定は試行というべきなのである。定められた規格に基づいて機械で製造される製品の重量やサイズなども，このような偶然の誤差から免れることはできない。

注意 2.4 このような古典的確率論は，ナポレオン時代のフランスの数学者ラプラスによって完成され，その著作は容易に入手して読むことができる[*2]。ラプラスがその第 2 原理で述べているように，この確率の定義では，Ω に含まれる個々の事象が同様の確からしさで起こること——例 2.1 でいえば，どの目の出方も同様に確からしいこと——が前提とされているのだが，"確率"という用語の定義に"確からしさ"という言葉を用いているので，実は循環論法になっているのである。では，明らかに立方体でなく密度も一定でない材質で作られた歪んだサイコロを振って 1 の目が出る確率はいくらかと問われたときにはどうするか。そのサイコロを n 回投げてみて 1 の目が r 回出たとしよう。$n \to \infty$ としたとき，比 r/n が一定値 p に近づくなら，すなわち

$$p = \lim_{n \to \infty} \frac{r}{n}$$

であるなら，値 p をもってその確率と考えるのが妥当である。むろん実際に無限回の試行を行うことは不可能であるが，後の章で述べる中心極限定理の母体となった大数の法則によって，n が十分大きいならば，そのときの**相対頻度** r/n をもって 1 の目が出る確率としてもその誤差は小さいと期待できる。このようにして，最も妥当であると思われる**確率モデル**を設定して考えるという立脚点が大切である。

[*2] Pierre-Simon Laplace (1749-1827), *Essai Philosophique sur les Probabilités*, 1814。邦訳『確率の哲学的試論』内井惣七訳，岩波文庫，1997。

2.2 場合の数

「場合の数を数える」という素朴な行為が確率の定義の基本になっているので，ここでは代表的な順列と組み合わせについて復習しよう．n 個のものから r 個 $(0 \leq r \leq n)$ を取って 1 列に並べることを**順列**（permutation）といい，その並べ方の総数を ${}_n\mathrm{P}_r$ と書く．並べ方は，左から右でも上から下でも何でもよい．ab と ba を違うものとして区別するというのが肝心である．

例 2.5 5 文字 a, b, c, d, e から 3 文字を取って 1 列に並べるには，

$$\boxed{1}\ \boxed{2}\ \boxed{3}$$

という三つの場所を作っておくと，$\boxed{1}$ には 5 通りの選び方があり，$\boxed{2}$ にはその各々に対し（$\boxed{1}$ でひとつ取ってしまったので）4 通りの選び方が，$\boxed{3}$ にはさらにその各々に対し 3 通りの選び方がある．したがって，並べ方の総数は ${}_5\mathrm{P}_3 = 5 \times 4 \times 3 = 60$ 通りである． ∎

例 2.5 から容易に一般化できるように，

$$_n\mathrm{P}_r = \overbrace{n(n-1)\cdots(n-r+1)}^{r\text{個の積}} \tag{2.2}$$

である．特に ${}_n\mathrm{P}_n = n(n-1)\cdots 2\cdot 1$ を $n!$ と書いて n の**階乗**と読む．

n 個のものから r 個のものを取ってくることを**組み合わせ**（combination）と呼び，その取り方の総数を ${}_n\mathrm{C}_r$ で表す[*3]．組み合わせはただ単に取ってくるだけで並べはしない．ab と ba を区別しないのである．取ってきたうえで，それらを 1 列に並べると順列になる．

[*3] $\binom{n}{r}$ と書く流儀もある．また，日本の学生は ${}_n\mathrm{C}_r$ を「エヌシーアール」と読むようだが，順列なのか組み合わせなのかを最初に宣言することが最も大事なので，「C のエヌアール」と読むべきである．英語でもその順に読む．

例 2.6 $_5C_3$ を求めてみよう。5 文字 a,b,c,d,e から，例えば 3 文字 a,b,c を取ったとする。これを 1 列に並べて abc や acb を区別すると順列になる。a,b,c の並べ方は 3! 通りあるが，同じことが他の 3 文字の取り方でも起こるから，
$$_5C_3 \times 3! = {_5P_3}$$
が成り立つはずである。したがって，$_5C_3 = {_5P_3}/3! = 10$ となる。

例 2.6 から一般に
$$_nC_r = \frac{_nP_r}{r!} = \frac{n(n-1)\cdots(n-r+1)}{r!} = \frac{n!}{r!\,(n-r)!} \qquad (2.3)$$
であることが容易にわかる。

問 2.7 (2.3) 式の最初と最後の等式をきちんと確かめよ。

2.3 事象の独立性

両立し得ないふたつの事象 A,B は互いに**排反**であるという[*4]。多くの本には「同時には起こらない事象」と説明されているが，これを厳密に「時間的に同時でない」と読むと混乱する可能性がある。一方が起こったら他方は決して起こらないというのが排反である。

例 2.8 サイコロを 2 回振って，最初に偶数の目が出る事象 A と 2 回目に奇数の目が出る事象 B は（同時には起きないが）両立し得るので排反ではない。ふたつのサイコロを振って，目の和が 9 になる事象 C と目の差の絶対値が 2 になる事象 D は互いに排反である。

事象 A と事象 B が両方とも起こるというのもひとつの事象なので，この事象を $A \cap B$ と書く。A と B が互いに排反なら $A \cap B = \emptyset$（空集合）であるから，$P(A \cap B) = 0$ となる。

[*4] 英語では exclusive。排他的と訳されるが，この方がニュアンスが正確に伝わるように思う。

2.3 事象の独立性

事象 A が実際に起こったという設定の下で事象 B の起こる確率[*5]を記号 $P(B|A)$ で表す。次図 2.1 で考えると,これは A という枠内で B を考えることに相当するから,

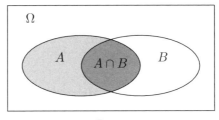

図 2.1

$$P(B|A) = \frac{A \cap B \text{ の起こる場合の数}}{A \text{ の起こる場合の数}}$$

であることがわかるだろう。

$$\frac{A \text{ の起こる場合の数}}{\Omega \text{ の場合の数}} \cdot \frac{A \cap B \text{ の起こる場合の数}}{A \text{ の起こる場合の数}} = \frac{A \cap B \text{ の起こる場合の数}}{\Omega \text{ の場合の数}}$$

が成り立つことは明らかだから,これを数式に翻訳すれば,次の重要な定理が直ちに得られる。

乗法定理

$$P(A) \cdot P(B|A) = P(A \cap B).$$

【例題 2.9】10 本のうちに当たりが 3 本入っているくじを太郎,次郎の順に 1 本ずつ引く。次の各場合に次郎の当たる確率を求めよ。

(1) 引いたくじを元に戻すとき(**復元抽出**)。
(2) 引いたくじを元に戻さないとき(**非復元抽出**)。

解答 いずれの場合も,太郎が当たるという事象を A,次郎が当たるという事象を B と記すことにする。全事象 Ω は太郎・次郎の引き方の全てである。

(1) 次郎が引くとき,くじは 10 本あるので,$P(B) = 3/10$ である。

[*5] A の下での B の**条件付き確率**と呼ばれる。

(2) この場合は太郎が当たるか当たらないかで状況が変わってくる。その前に記号の準備をしておこう。記号 A^c で，A が起こらないという事象を表すことにする。高校では A の**余事象**と呼んだ概念で，読者にはお馴染みのことであろう。

次郎が当たるのは，〔太郎も当たり，次郎も当たり〕と〔太郎ははずれ，次郎は当たり〕というふたつの場合があり，これらは事象として排反である。したがって，

$$P(B) = P(A \cap B) + P(A^c \cap B)$$

が成り立つ。$P(B|A) = 2/9, P(B|A^c) = 3/9$ であるから，乗法定理より

$$P(A \cap B) = P(A) \cdot P(B|A) = \frac{3}{10} \cdot \frac{2}{9} = \frac{6}{90},$$

$$P(A^c \cap B) = P(A^c) \cdot P(B|A^c) = \frac{7}{10} \cdot \frac{3}{9} = \frac{21}{90}$$

と計算でき，ゆえに $P(B) = 27/90 = 3/10$ となる。つまり，引いたくじを元に戻さなくても，当たる確率はくじを引く順番によらないのである。先に引く太郎の方が有利なわけではない。

問 2.10 例題 2.9 のくじを，元に戻さずに太郎，次郎，三郎，四郎の順に引くとき，三郎，四郎の当たる確率もやはり 3/10 であることを示せ。

注意 2.11 例題 2.9 や問 2.10 の主張は全く正しいのであるが，世の中の言動や行動を見ていると，このことをよくわかっていない人が大勢いるように感じられる。特に四郎の場合は既に 3 人が引いているのであるから，太郎に比べて圧倒的に不利であると思うのではなかろうか。このことについて注釈をしておこう。くじを引くとき，太郎がすぐに結果を見ないで次郎が引くのを待ち，2 人が一斉に結果を見るのなら，このとき次郎の当たる確率は 3/10 なのである。一方，太郎がすぐに結果を見て「当たったー！」と叫んだとき，その後から引く次郎の当たる確率は条件付き確率となり，その値は 2/9 である。つまり，太郎の結果を事前に知っているか知らないかで確率は変わってくるのである。太郎がはずれた場合，それを知った次郎の当たる確率は 3/9 であるから，今度は太郎より高い確率で当たることになる。

次の例題は乗法定理からもたらされる非常に興味深い結果であり，特に近

2.3 事象の独立性

年の我が国での官民一体となった健診奨励政策に対して，一考の余地を与えるものであるように思う．

【例題 2.12】 糖尿病有病率が 7% であるとする[*6]．本当に糖尿病になっている人が検査によって糖尿病と診断される確率が 95%，健康体であるにもかかわらず糖尿病と誤診されてしまう確率が 5% であるとしよう．このとき，検査で糖尿病であると診断された人が本当に糖尿病である確率を求めよ．

解答 糖尿病であるという事象を A，検査で糖尿病であると診断される事象を B とする．A^c は糖尿病でないという事象である．我々には

$$P(A) = 0.07, \; P(A^c) = 0.93, \; P(B|A) = 0.95, \; P(B|A^c) = 0.05$$

がわかっていて，$P(A|B)$ を知りたいのである．乗法定理を 2 度使うと，

$$P(A|B) = \frac{P(A \cap B)}{P(B)} = \frac{P(A) \cdot P(B|A)}{P(B)} \tag{2.4}$$

となることがわかる．一方，分母は例題 2.9 のように考えて

$$P(B) = P(B \cap A) + P(B \cap A^c) = P(A) \cdot P(B|A) + P(A^c) \cdot P(B|A^c)$$

とも書き表せるので，これらをすべて (2.4) に代入して計算すると，$P(A|B) = 0.588$ となる．これはかなり意外な数字なのではないか． ∎

問 2.13 例題 2.12 で，検査で糖尿病であると診断された人が本当に糖尿病である確率を 80% 以上にしたいなら，誤診率をどこまで下げる必要があるか．また，有病率が 1% の別の病気[*7]で同じ確率を求めてみよ．

例題 2.12 では，いわば結果が起きたときの原因の確率を遡って求めていることになるから，これを**事後確率**と呼ぶ．この考え方は，ベイズ[*8]に基くもので，(2.4) のような式は**ベイズの公式**と呼ばれている．

[*6] WHO の標準値は 7.9% ．日本人の糖尿病有病率は 2011 年時点で 11.2% ．予備軍を含めればもっと多い．

[*7] 日本の成人人口は 1 億人ほどであるから，1% は 100 万人である．

[*8] Thomas Bayse (1701-1761)，イギリス人．本職は，英国国教会に属さないカトリックの神父・神学者であった．

> **事象の独立性**
>
> ふたつの事象 A, B に対し，
>
> $$P(A) = P(A|B) \quad \text{または} \quad P(B) = P(B|A)$$
>
> が成り立つとき，A と B は**独立**であるという。これは，一方の事象の生起が他方の事象から全く影響を受けないということである。

注意 2.14 式 $P(A) = P(A|B)$ を日本語で読めば，「A の起こる確率と，B が起きたという設定の下で A の起こる確率が等しい」となる。実は上のふたつの式は同値であり，さらに次の 3 式のいずれとも同値であることが容易に示せる。

$$P(A \cap B) = P(A)P(B), \ P(A) = P(A|B^c), \ P(B) = P(B|A^c).$$

このことから，A の起こる確率は B が起きようが起きまいが全く無関係に定まっていることがわかる。$P(A) = P(A|B)$ が A, B に関して対称ではないので，独立性の定義には $P(A \cap B) = P(A)P(B)$ を使うことも多い。ただし，この式は独立性の意味がすぐに見えにくいので本書では採用を見送った。余力のある読者は以上の同値性をチェックしてみるとよい。

例 2.15 サイコロを何度も投げるとき，各回で 1 の目が出るという事象は全て互いに独立である。だから，2 回続けて 1 の目が出たからといって，3 回目に 1 が出にくくなるわけではない。

例 2.16 例題 2.9 で，引いたくじを元に戻すなら A と B とは独立である。しかし，元に戻さないときは，

$$P(B) = \frac{3}{10}, \ P(B|A) = \frac{2}{9}$$

となって独立ではない。$P(A) = P(B)$ であっても独立ではない。

注意 2.17 独立と排反を混同してはならない。独立というのは，A が起こっても起こらなくても，そのことによって B の生じる確率に変化がないことをいう。排反というのは，A が起きたら B は決して起きない，つまり $P(B|A) = 0$ だというのだから，逆に強い影響関係があるのである。

2.4 ベルヌーイ試行

サイコロを繰り返し投げて毎回 1 の目が出るかどうかを観察する場合のように，独立な事象の繰り返しになっている試行を**ベルヌーイ試行**[*9]という。各回の試行の結果は，その事象が起きるか起きないかのどちらかであるから 2 通りしかない。だから，これを成功か失敗かに例えてもよい。

例 2.18 サイコロを 10 回投げて，毎回 1 の目が出るという事象に注目するとき，この試行は確率 1/6, 長さ 10 のベルヌーイ試行と呼ばれる。一般に，確率 p で起こる事象を独立に n 回繰り返すとき，これを確率 p, 長さ n のベルヌーイ試行と呼ぶ。10 本のうち 3 本当たりが入っているくじを元に戻さず 10 回引くという試行で，毎回の当たる事象を考えると，これらは独立な事象ではないのでベルヌーイ試行ではない。

【例題 2.19】 サイコロを 6 回投げて，1 の目が 2 回出る確率を求めよ。

解答 1 の目が出ることを○，出ないことを×で表すと，たとえば最初の 2 回だけ続けて 1 の目が出ることは○○××××と表せる。同じようにして，他にも○×××○×とか××○××○などいろいろな出方があるが，これらは全部で何通りあるだろうか。6 個の場所のうち，○をつける 2 箇所の選び方だけあるから，全部で $_6\mathrm{C}_2 = 15$ 通りある。

このうち，○○××××と出る確率は（乗法定理を繰り返し使って）

$$\frac{1}{6} \times \frac{1}{6} \times \frac{5}{6} \times \frac{5}{6} \times \frac{5}{6} \times \frac{5}{6} = \left(\frac{1}{6}\right)^2 \cdot \left(\frac{5}{6}\right)^4$$

であり，○×××○×と出る確率は

$$\frac{1}{6} \times \frac{5}{6} \times \frac{5}{6} \times \frac{5}{6} \times \frac{1}{6} \times \frac{5}{6} = \left(\frac{1}{6}\right)^2 \cdot \left(\frac{5}{6}\right)^4$$

[*9] Jacob Bernoulli (1654-1705)。ドイツのバッハ一族と同じようなスイスの数学者一家の中の傑出したひとり。1 世紀の間に 8 名もの数学者を輩出した家系である。

である．他の出方の確率もすべて同じになることが容易に推察できるであろう．これら 15 通りの事象はすべて排反であるから，求める確率は

$$_6C_2 \left(\frac{1}{6}\right)^2 \cdot \left(\frac{5}{6}\right)^4 = 0.201$$

となる．

問 2.20 例題 2.19 で，1 の目が 3 回出る確率および 4 回出る確率を求めよ．

―― ベルヌーイ試行の確率 ――――――――――
確率 p，長さ n のベルヌーイ試行において，目当ての事象が r 回 $(0 \leq r \leq n)$ 起こる確率は

$$_nC_r\, p^r(1-p)^{n-r} \tag{2.5}$$

で与えられる．

ベルヌーイ試行では非常に興味深い現象が現れる．例題 2.19 で 1 の目が $r\,(0 \leq r \leq 6)$ 回出る確率を計算して表にし，折れ線グラフに描いたものが下図 2.2 である．

r	0	1	2	3	4	5	6	計
確率	0.335	0.402	0.201	0.054	0.008	0.001	0.000	1

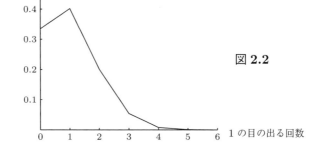

図 2.2

2.4 ベルヌーイ試行

$r = 1$ の所に大きな山ができているが，サイコロを 6 回投げたら，1 の目が 1 回出る確率が最も高いことは納得できるであろう。

次に，サイコロを 12 回および 60 回投げて同じ折れ線グラフを描いたものが次の図 2.3 および図 2.4 である。

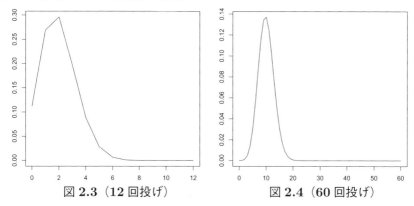

図 2.3（12 回投げ）　　図 2.4（60 回投げ）

投げる回数が増えるにつれ，次第に左右対称なグラフに収束してゆく様子がわかるであろう。対称軸（山の頂点）がいつも

$$（投げる回数）\times \frac{1}{6} = np$$

の位置にあることは大事なことである。実は，上に述べたことはすべて数学的に証明できることなのである。不思議ではないか。

【例題 2.21】サイコロを 60 回投げるとき，1 の目が 6 回から 14 回出る確率 P を求めよ。

解答　1 の目が r 回（$6 \leq r \leq 14$）出る確率を $P(r)$ と書くことにすると，これらの事象はすべて排反であるから，$P = P(6) + P(7) + \cdots + P(14)$ となる。あとは，

$$P(6) = {}_{60}C_6 \left(\frac{1}{6}\right)^6 \cdot \left(\frac{5}{6}\right)^{54}, \cdots, P(14) = {}_{60}C_{14} \left(\frac{1}{6}\right)^{14} \cdot \left(\frac{5}{6}\right)^{46}$$

を計算して順次足せばよいが，どうしたらいいだろう……。

演習問題 2

1 (1) n 個のものから r 個を選ぶ場合の数は，残される $n-r$ 個を選ぶ場合の数と同じである．これを数式に翻訳したときに得られる等式を書け．

(2) n 個のものから r 個を選ぶ場合の数は，特定のひとつ x に注目して，x を含めて r 個取る場合の数と，x を含めないで r 個取る場合の数の和に等しい．これを数式に翻訳したときに得られる等式を書け．

(3) 組み合わせの定義式（2.3）を用いて $0!$ の値を適切に定めよ．

2 3 つの製造ライン A, B, C で製造されている錠剤があり，全体の生産量のうち，それぞれ $20\%, 30\%, 50\%$ を生産している．各ラインから不良品の出る割合は，調査によって順に $2\%, 3\%, 4\%$ であることがわかっている．無作為に 1 個を取り出したら不良品であったとき，それが製造ライン C で作られたものである事後確率を求めよ．

3 サイコロを投げて，出た目が 1 か 2 なら -1 点が，3 か 4 なら 0 点が，5 か 6 なら 1 点が与えられる．これを 3 回続けるときの得点の合計を X，各回の得点を $X_k\,(k=1,2,3)$ とする．

(1) $X=0$ となる確率を求めよ．

(2) $X_1 \neq 0$ という設定の下で $X=0$ となる確率を求めよ．

(3) $X_1 = X_2$ という事象を A，$X_2 = X_3$ という事象を B とするとき，A と B は独立か．

4 白玉が 2 個，赤玉が 1 個入っている袋がある．1 枚の硬貨を投げ，表が出たら白玉を，裏が出たら赤玉をそれぞれ 1 個その袋に入れ，よくかき混ぜてから同時に玉を 2 個取り出す．取り出した玉のうち白玉の個数を X とする．

(1) $X=2$ となる確率を求めよ．

(2) $X=2$ のとき，投げた硬貨が表であった事後確率を求めよ．

5♯ 確率 $1/2$，長さ n のベルヌーイ試行を考えて，次式が成り立つことを示せ．
$$_n C_0 + {_n C_1} + \cdots + {_n C_n} = 2^n.$$

第 3 章

確率変数と確率分布

キーワード　確率変数(離散，連続)，確率分布，確率(密度)関数，密度関数を積分すると確率が求まる，確率変数 X が 〜 分布に従う，確率変数の期待値(平均)・分散

3.1 確率変数

　関数 $y = f(x)$ に対し，x のことを独立変数といった．この変数 x は，たとえば実数全体を動き回っており，それを代表して x と記している．この関数が表すグラフに，<u>自分の意志によって $x = 1$ で接線を引いたりできる</u>．
　さて，サイコロの目の数を X と書くと，X は $1, 2, 3, 4, 5, 6$ のいずれかの値をとる変数である．このサイコロを振って出た目を X とするという試行を強く意識すると，X は <u>この試行を実行して初めて値が決まる変数</u> だということになる．関数 $f(x)$ の変数 x にはこのような試行は伴わない．このように，変数 X の値を決めるに当たって，試行を行っていることが前提とされているものを**確率変数**と呼んで，単なる変数と区別するのである．詳しく言うなら，試行の結果全体の集合を Ω とするとき，Ω の各要素 ω に実数値を対応させる関数 X のことを確率変数というのである．Ω 上には試行に伴う確率が定義されており，X のとる値 $X(\omega)$ は，ω に与えられた確率に応じて出現し易かったりし難かったりする．このように，確率現象の結果としてとる値が決まる関数を確率変数と呼ぶわけだ．

例 3.1 サイコロを振ったときに出る目の全体が $\Omega = \{1, 2, 3, 4, 5, 6\}$ であり，サイコロが正常なら Ω の各要素には 1/6 という確率が均等に割り振られていると考えられる．この場合の確率変数 X は，目の数をそのまま読んでいるだけの関数である．しかし，素数の目が出たら 100 円もらえ，それ以外なら逆に 100 円払うというゲームを考えると，対応する Y は

$$Y(\omega) = \begin{cases} 100 & (\omega = 2, 3, 5 \text{ のとき}), \\ -100 & (\text{それ以外のとき}) \end{cases}$$

のように，ふたつの値をそれぞれ 1/2 の確率でとる確率変数ということになる．このような変幻自在さが確率変数の長所である．

例 3.2 第 2 章例 2.3 で述べたように，実験における測定も試行であるから，測定値 X も確率変数である．

記号 3.3 確率変数 X が，x という値をとる確率のことを $P(X = x)$ のように書き表す[*1]．X と x が同時に出てきてあまり見慣れない書き方であるが，これは，試行を行う前の確率変数の状態を X，試行後の値を x と書く慣習による．

3.2 連続型確率変数

サイコロの目の数 X は 1, 2, 3, 4, 5, 6 という値をとり，どの値にも 1/6 という確率が付随している．このように，指折り数えていけるとびとびの値をとる確率変数を**離散型確率変数**という．それに対して，ベターッと連続的な実数値をとる**連続型確率変数**がある．

例 3.4 20 歳の大学生の身長 X cm，沢山ある同一の錠剤の中からひとつを選んで，水に落としたときの溶解するまでの時間 X 分，測定した重さ X g など，一般に測定値 X は連続型確率変数である．

よく考えてみればわかるように，仮に 159.6cm と測定されたとしても，本当は 159.617295⋯ とか 159.560881⋯ だったりするものを，人間の測定

[*1] 本当なら，$P(\omega \in \Omega \,|\, X(\omega) = x)$ と書くべきものである．

限界のために 159.6cm と読んでいるに過ぎない。それどころか，同一人物の身長さえ朝と夜では違っているかもしれない。このように考えてみると，よく知っているはずの自分の身長であっても，本当は「159.0cm 以上 160.0cm 以下の範囲に存在する」というような言い方しかできないことがわかる。直角を挟む 2 辺の長さが 1 の直角 2 等辺 3 角形の斜辺の長さを我々は $\sqrt{2}$ などと言って喜んでいるが，誰もその長さを正確に測りとることはできないのと同じである。一般に，**測定値は数直線上のある範囲をびっしり埋め尽くして分布している**と考えられる。

3.3 確率(密度)関数

例 3.5 3 枚の硬貨を投げて表が出る枚数 X は，$\{0, 1, 2, 3\}$ に値をとる離散型確率変数であり，次のような表とヒストグラムが作れる。

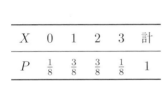
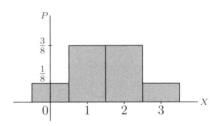

確率変数 X と，それが各値をとる確率との対応を X の**確率分布**といい，それをまとめた上のような表を**確率分布表**と呼ぶ。

$$f(x) \stackrel{\text{def}}{=} P(X=x) = \begin{cases} 1/8 & (x=0, 3), \\ 3/8 & (x=1, 2) \end{cases}$$

となるが，この f のことを X の**確率関数**という。 ∎

問 3.6 上のヒストグラムの総面積が 1 であることを確認せよ。

次に，この話を連続型確率変数でやってみよう。第 1 章図 1.5 が，20 歳の大学生の身長を大規模に調べたヒストグラムだとすると，左から右へ移行することは，測定の精度を上げて階級幅を狭くしてゆくことに当たる。縦軸は各階級の相対度数を表している。しかし，身長は数直線上をびっしり埋め尽

くす連続型確率変数であるから，折れ線グラフは極限において滑らかな曲線に収束していると考えるのは自然である（下図）。これこそが，20 歳の大学生集団から 1 人をでたらめに選んだときの身長 X がどのくらいの確率で現れるかという確率分布を表す曲線であると考えられる。

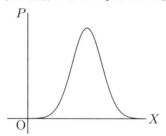

この曲線を表す関数 $f(x)$ を**確率密度関数**と呼ぶ。離散型に対して，びっしり詰まった感じを「密度」という語が表している[*2]。

連続型確率変数には必ず測定誤差がついてまわるから，離散型と違って $a \leqq X \leqq b$ という指定の仕方しかできない。したがって，$P(a \leqq X \leqq b)$ とは「X が a から b の間に存在する確率」を表し，それは

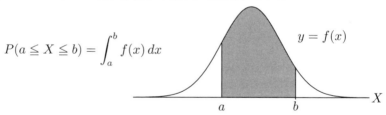

$$P(a \leqq X \leqq b) = \int_a^b f(x)\,dx$$

で計算すべきことがわかるであろう。**定積分は面積を表す**ことをもう一度思い出して，**面積が確率を表す**ことをよく納得してほしい。

【例題 3.7】連続型確率変数 X が 1 点の値をとる確率は 0 であることを 2 通りの観点から説明せよ。

解答 確率密度関数を $f(x)$ とすると，$X = a$ となる確率は

$$P(X = a) = P(a \leqq X \leqq a) = \int_a^a f(x)\,dx = 0$$

[*2] 連続型では確率分布表は作れない。確率分布表に当たるものが密度関数なのである。

3.3 確率(密度)関数

のように定積分の性質によって 0 となる。

一方，例えば身長 X がぴったり $100\sqrt{3} = 173.20508075688772\cdots$ cm である人間はどこにもいないだろう。だから $P(X = 100\sqrt{3}) = 0$ と考えられる。意味の上でも式の上でも両者は一致して整合性がとれている。

問 3.6 と平行して，確率密度関数 $f(x)$ は

$$f(x) \geq 0 , \quad \int_{-\infty}^{\infty} f(x)\,dx = 1 \tag{3.1}$$

を満たさなければならない。第 2 式は，第 2 章例 2.2 を積分で表現したものに過ぎない。無限積分の定義と計算法については巻末付録 C を見よ。$f(x)$ が確率を表す関数である以上，当たり前の性質だと思えばそれでよい。

【例題 3.8】（指数分布）連続型確率変数 X の確率密度関数 $f(x)$ が次のように与えられるとする。

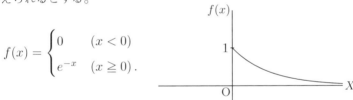

$$f(x) = \begin{cases} 0 & (x < 0) \\ e^{-x} & (x \geq 0) \end{cases}.$$

(1) この $f(x)$ が (3.1) を満たすことを示せ。
(2) $P(0 \leq X \leq 1)$ を求めよ。
(3) $P(X \geq 2)$ を求めよ。

解答 (1) $f(x) \geq 0$ は明らか。十分大きい実数 M をとると，

$$\begin{aligned}
\int_{-\infty}^{\infty} f(x)\,dx &= \int_{-\infty}^{0} f(x)\,dx + \int_{0}^{\infty} f(x)\,dx \\
&= \lim_{M \to \infty} \int_{0}^{M} e^{-x}\,dx \\
&= \lim_{M \to \infty} \left[-e^{-x}\right]_{0}^{M} \\
&= \lim_{M \to \infty} \left(1 - \frac{1}{e^M}\right) \\
&= 1.
\end{aligned}$$

(2) $$P(0 \leqq X \leqq 1) = \int_0^1 f(x)\,dx = \int_0^1 e^{-x}\,dx$$
$$= \bigl[-e^{-x}\bigr]_0^1$$
$$= 1 - \frac{1}{e}.$$

(3) $$P(X \geqq 2) = \int_2^\infty f(x)\,dx = \lim_{M \to \infty} \int_2^M e^{-x}\,dx$$
$$= \lim_{M \to \infty} \bigl[-e^{-x}\bigr]_2^M$$
$$= \lim_{M \to \infty} \left(\frac{1}{e^2} - \frac{1}{e^M}\right)$$
$$= \frac{1}{e^2}.$$

3.4 確率(密度)関数の当てはまり

さて，こんな数式が本当に現実の確率分布に当てはまるのかと疑問を感じている読者もいるのではないか。そのような声を筆者自ら代弁して，実際のデータに数学的関数が適用できることをご覧にいれておこう。

下のデータは，ある町で発生した交通事故の件数を100日間に渡って調査したものである。

件数	0	1	2	3	計
日数	57	32	9	2	100
相対度数	0.57	0.32	0.09	0.02	1

「交通事故は1分に1回起きている」などと不安を煽るような数字を突きつけてしたり顔の輩がよくいるものだが，実際，公益財団法人交通事故総合分析センターの集計によれば，平成26年の交通事故発生件数は573,842件で，まさに1分に1件強の割合で発生している勘定になる。しかし，これは全国の1年間の合計であって，ある程度狭い地域では交通事故などそんなに滅多

3.4 確率(密度)関数の当てはまり

に起こるものではない。このデータでも 100 日のうち 57 日は 1 件も起きていないわけで，読者の多くもそんなものだろうと納得できるのではないか。

さて天下り的ではあるが，非負整数を定義域とする関数

$$f(x) = e^{-0.56} \cdot \frac{0.56^x}{x!} \quad (e \text{ は自然対数の底})$$

を定義する。交通事故は偶発的なものだから，件数 X は離散型確率変数と考えられる。問題は，発生件数が x 件である確率（相対度数）が数学的関数で表せるのかということである。実は，上の f はその確率関数になっているのである。コンピュータで計算した結果は

x	0	1	2	3
$f(x)$	0.571	0.319	0.089	0.016

となって，驚くほど実態と一致している。

種明かしをすると，上の f は**ポワソン分布**[*3]と呼ばれる離散型確率分布の確率関数

$$f(x) = e^{-m} \cdot \frac{m^x}{x!} \quad (x = 0, 1, 2, \cdots) \tag{3.2}$$

の $m = 0.56$ の場合なのである。$m = 0.56$ は次節で解説する「確率変数の期待値」に基づいて計算したものである。

ポワソン分布は，稀にしか起きない事象を扱うときに使われる。どこから (3.2) のような複雑な関数式が出てきたのかと訝る読者は多いであろうが，「滅多に起きない」ということを数式に翻訳すれば厳密に導くことができる。数学的に導出された関数が現実をよく表すというのは不思議ではないか。

表現 3.9 確率変数 X と，それに付随する確率との対応を表す確率分布がポワソン分布の確率関数 (3.2) に当てはまるとき，X は**ポワソン分布に従う**と表現する。この「確率変数 X は～分布に従う」という言い方は今後頻繁に現れるので，よく慣れておいて欲しい。

[*3] 厳密には「パラメータ m のポワソン分布」という。Siméon Denis Poisson (1781-1840) は第 2.1 節で紹介したラプラスに学んだフランスの数学者。

3.5 期待値または平均

点数	50	60	70	計
人数	4	3	3	10

X	50	60	70	計
P	$\frac{4}{10}$	$\frac{3}{10}$	$\frac{3}{10}$	1

左の表は 10 人のクラスで実施した試験の成績だとしよう。平均点は

$$\frac{50 \times 4 + 60 \times 3 + 70 \times 3}{10} = 59 \,(点) \tag{3.3}$$

である。次に「このクラスから 1 人を無作為に選んで，その得点 X を記録する」という試行を考えると，X は $\{50, 60, 70\}$ に値をとる確率変数に変わる。学んだ記号を使えば，たとえば $P(X = 50) = 4/10$ であるから，X の確率分布表は右表のようになる。このとき，

$$50 \times \frac{4}{10} + 60 \times \frac{3}{10} + 70 \times \frac{3}{10} \tag{3.4}$$

と計算される量を考えてみると，これは「この 10 人からでたらめに 1 人を選んだとき，その者の得点として期待される数値」だと考えることができる。これを確率変数 X の**期待値** (expectation value) という。

(3.3) と (3.4) を比べれば，**期待値と平均値とは全く同じ計算をしている**ことがわかる。(3.3) のような単なるデータのときは平均値と呼ぶが，期待値という言い方は確率変数に対してしかしない。しかし，面倒なので期待値も平均と呼ぶことが多い。実際 (3.4) をじーっと眺めていれば，期待値が確率変数の平均値というべきものだと思えてくるだろう。これが本節のタイトルの意味である。

定義 3.10 確率変数 X の平均（期待値）を記号 $E(X)$ で表す。単なるデータの平均とは違うので，第 1 章のように $\overline{X}$ とは書かない。(3.4) を参考にしつつ，離散型と連続型とに分けて $E(X)$ を次ページのように定義する。便宜上分けてはいるが，実質的に両者は同じものである。

3.5 期待値または平均

離散型の場合，確率変数 X の確率分布表が次のようであるとする[*4]。

X	x_1	x_2	$\cdots$	x_n	計
P	p_1	p_2	$\cdots$	p_n	1

連続型の場合，確率変数 X の密度関数が $f(x)$ であるとする。このとき，

	離散型	連続型
平均（期待値）$E(X)$	$\displaystyle\sum_{k=1}^{n} x_k p_k$	$\displaystyle\int_{-\infty}^{+\infty} x f(x)\,dx$

と定義するのである。密度関数 $f(x)$ が離散型の場合の確率 P を与える関数であったことをもう一度よく納得しておいてほしい。

【例題 3.11】 例 3.5 および例題 3.8 について平均 $E(X)$ を求めよ。

解答 例 3.5 は離散型であるので，

$$E(X) = 0 \times \frac{1}{8} + 1 \times \frac{3}{8} + 2 \times \frac{3}{8} + 3 \times \frac{1}{8} = \frac{3}{2}$$

である。例題 3.8 は連続型であるから，

$$E(X) = \int_{-\infty}^{\infty} x f(x)\,dx = \lim_{M \to \infty} \int_0^M x e^{-x}\,dx$$

となるが，部分積分を用いて

$$\int_0^M x e^{-x}\,dx = \left[-x e^{-x}\right]_0^M + \int_0^M e^{-x}\,dx$$
$$= -\frac{M}{e^M} + 1 - \frac{1}{e^M}$$

となることがわかるので，$E(X) = 1$ を得る。∎

[*4] 離散型といっても，ポワソン分布のように可算無限個の値 $x = 0, 1, 2, \cdots$ をとるものもあるので，有限個の値しか考えていないこの表は厳密には正しくない。したがって，$E(X)$ および後続の $V(X)$ の定義式も正しくは有限和でなく無限和，すなわち級数和である。また，p_k の代わりに $P(X = x_k)$ と書いてもよい。

定義 3.12 確率変数 X の**分散**を記号 $V(X)$ で表し，定義 3.10 と同じ設定の下で次のように定義する。

	離散型	連続型
分散 $V(X)$	$\displaystyle\sum_{k=1}^{n}(x_k - E(X))^2 \cdot p_k$	$\displaystyle\int_{-\infty}^{+\infty}(x - E(X))^2 f(x)\,dx$

第 1 章で学んだデータの分散と同じ定義になっていることを確認しよう。また，確率変数 X の**標準偏差**は常に $\sqrt{V(X)}$ で定義する。

注意 3.13 第 1 章例題 1.14 と全く同様に，

$$V(X) = \sum_{k=1}^{n} x_k^2 p_k - E(X)^2 \quad \text{(離散型)}$$

$$V(X) = \int_{-\infty}^{\infty} x^2 f(x)\,dx - E(X)^2 \quad \text{(連続型)}$$

と計算できることがわかる。

【例題 3.14】 例 3.5 および例題 3.8 について分散 $V(X)$ を求めよ。

解答 注意 3.13 にしたがって計算する。例 3.5 については，

$$V(X) = 0^2 \times \frac{1}{8} + 1^2 \times \frac{3}{8} + 2^2 \times \frac{3}{8} + 3^2 \times \frac{1}{8} - \left(\frac{3}{2}\right)^2 = \frac{3}{4}$$

となる。例題 3.8 については，例題 3.11 より

$$V(X) = \int_{-\infty}^{\infty} x^2 f(x)\,dx - E(X)^2 = \lim_{M \to \infty} \int_{0}^{M} x^2 e^{-x}\,dx - 1$$

であるが，部分積分を用いて

$$\int_{0}^{M} x^2 e^{-x}\,dx = \left[-x^2 e^{-x}\right]_0^M + 2\int_{0}^{M} x e^{-x}\,dx$$

となるので，

$$V(X) = \lim_{M \to \infty} \left(-\frac{M^2}{e^M}\right) + 2E(X) - 1 = 1$$

を得る。

第 1 章と同じように，確率変数においても平均 $E(X)$ と分散 $V(X)$ とは確率分布を特徴づける大切な特性量である[*5]。特に次章で学ぶ正規分布は，ほぼあらゆる場面で現れる確率分布の王様的存在であるが，その確率密度関数は平均と分散によって完全に決まってしまう。このように，その分布を決定する量のことを統計学では**パラメータ**と呼ぶ。

3.6　2 項分布

第 2.4 節で学んだ確率 p，長さ n のベルヌーイ試行において，注目している事象が起こる回数 X は確率変数であり，その確率は

$$P(X=x) = {}_n\mathrm{C}_x\, p^x (1-p)^{n-x} \quad (x=0,1,2,\cdots,n) \tag{3.5}$$

で与えられた。したがって (3.5) は離散型確率分布の確率関数であり，これに従う確率分布を **2 項分布** (binomial distribution) という。

確率関数 (3.5) は，長さ（試行回数）n と確率 p とで完全に決まってしまうので，2 項分布を記号で $B(n,p)$ と表す[*6]。

---
2 項分布の平均と分散

$1-p=q$ とおくとき，2 項分布 $B(n,p)$ に従う確率変数 X に対し，

$$E(X) = np, \quad V(X) = npq \tag{3.6}$$

である。証明は巻末付録 B にある。

第 2.4 節の図 2.2〜図 2.4 に，$p=1/6$ のときの $B(n,p)$ の度数折れ線を $n=6,12,60$ の場合に描いておいた。そこでは，山の頂点がどれも np の位置にあることを確認していたが，いまやその値が 2 項分布の平均値であることがわかったのである。

[*5] 確率分布が不明で，その確率（密度）関数の特徴を知りたいときは平均と分散だけでは情報不足であり，他に非対称性の尺度である**歪度**（skewness）とか，平均値への集中度を表す**尖度**（kurtosis）なども必要になってくる。

[*6] このように分布を記号で表すときは，パラメータを明示する慣習である。

演習問題 3

1 第 2 章演習問題 4 の確率変数 X について，確率分布表を作って $E(X)$ ならびに $V(X)$ を求めよ．

2 ♯ パラメータ m のポアソン分布に従う離散型確率変数 X について，$E(X)$ と $V(X)$ が共に m に等しいことを示せ．また，

$$\sum_{x=-\infty}^{\infty} f(x) = 1$$

を示せ．ここに $f(x)$ はポアソン分布の確率関数である．

3 連続型確率変数 X の確率密度関数 $f(x)$ が次の式で与えられるとする．

$$f(x) = \begin{cases} 2x/9 & (0 \leqq x \leqq 3) \\ 0 & (その他のとき) \end{cases}.$$

(1) $\displaystyle\int_{-\infty}^{\infty} f(x)\,dx = 1$ であることを示せ．

(2) $P(1 \leqq X \leqq 4)$ を求めよ．

4 ♯ 確率変数（離散，連続を問わない）X と正数 λ に対し，$E(X) = \mu$，$V(X) = \sigma^2$ とおくとき[*7]，次の各不等式が成り立つことを示せ．

(1) （マルコフ[*8]の不等式）$|X|$ の平均値 $E(|X|)$ が存在するなら，

$$P(|X| \geqq \lambda\mu) \leqq \frac{E(|X|)}{\lambda\mu}.$$

(2) （チェビシェフ[*9]の不等式）

$$P(|X - \mu| \geqq \lambda\sigma) \leqq \frac{1}{\lambda^2}.$$

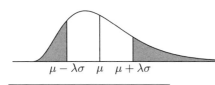

チェビシェフの不等式は，図の灰色の部分の面積が $1/\lambda^2$ 以下だと主張する．標準偏差 σ の役割がわかる不等式である．

[*7] λ, μ, σ はすべてギリシア文字の小文字で，λ はラムダと読み英語の ℓ に，μ はミューと読み英語の m に，σ はシグマと読み英語の s に当たる．

[*8] Andrei Andreyevich Markov（1856-1922）ロシアの数学者．

[*9] Pafnuty Lvovich Chebyshev（1821-1894）ロシアの数学者．

第 4 章

正規分布

キーワード　正規分布とその諸性質，標準化，標準正規分布表の読み方，中心極限定理，ド・モワブル-ラプラスの定理

4.1　正規分布とその特性

正規分布とは

μ および $\sigma > 0$ を定数として，確率密度関数が

$$f(x) = \frac{1}{\sqrt{2\pi}\,\sigma} e^{-\frac{1}{2}\left(\frac{x-\mu}{\sigma}\right)^2} \tag{4.1}$$

で与えられる連続型確率変数 X の従う分布を**正規分布**（normal distribution）といい，記号で $N(\mu, \sigma^2)$ と書く。そのグラフは下のようなベル型となる。

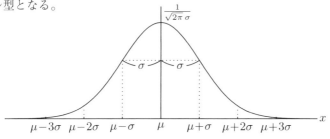

(4.1) は μ と σ が具体的にわかれば決まってしまうので，正規分布のパラメータは μ と σ である。そのグラフには次のような特徴があることが見た目にも明らかである（数式のうえでも確認すること）。

正規分布の特徴

- $f(x)$ のグラフは $x = \mu$ に関して対称で，そこで最大値をとる。
- $x \to \pm\infty$ のとき，$f(x)$ のグラフは果てしなく x 軸に近づく。
- $x = \mu \pm \sigma$ でグラフは変曲点（凹凸の変わる境界点）になる。

とりわけ重要なのは次である。

正規分布の平均と分散

正規分布 $N(\mu, \sigma^2)$ に従う連続型確率変数 X について，
$$\text{平均}\, E(X) = \mu, \quad \text{分散}\, V(X) = \sigma^2$$
である。$\sigma = \sqrt{V(X)}$ が標準偏差である。証明は巻末付録 E にある。

(4.1) の形から，標準偏差 σ が小さいと下図 4.1 の実線 A のように山が高くて尖った形に，大きいと点線 B のように山が低くて緩やかな形になることがわかる。

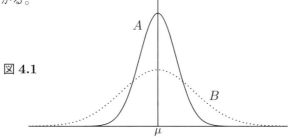

図 4.1

σ は分布のばらつき具合を表す指標であったから，σ が小さいということは「ばらつきが小さい＝平均値 μ の周辺に密集している度合が高い」ということだから，A のようなグラフになるのが当然であることを腹の底から納得されたい。

4.1　正規分布とその特性

　第 3.3 節で学んだように，確率密度関数が $f(x)$ であるような連続型確率変数 X に関しては，確率を

$$P(a \leqq X \leqq b) = \int_a^b f(x)\,dx$$

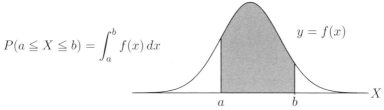

と計算するのであった．ところが，(4.1) の原始関数は存在しない[*1]ので，高等学校以来ずっと慣れ親しんできた

$$\int_a^b \frac{1}{\sqrt{2\pi}\,\sigma} e^{-\frac{1}{2}\left(\frac{x-\mu}{\sigma}\right)^2} dx = \Big[\text{原始関数}\Big]_a^b \tag{4.2}$$

という計算ができないのである．そこで，次のような工夫がなされている．

標準化　これは，確率変数 X から Z への変数変換

$$Z = \frac{X - \mu}{\sigma} \quad \left(z = \frac{x - \mu}{\sigma}\right) \tag{4.3}$$

のことである．

　この標準化を (4.2) 左辺に施して置換積分すると，次のようになる．

$$P(a \leqq X \leqq b) = \int_a^b \frac{1}{\sqrt{2\pi}\,\sigma} e^{-\frac{1}{2}\left(\frac{x-\mu}{\sigma}\right)^2} dx$$

$dz = \dfrac{1}{\sigma} dx$

x	$a \to b$
z	$\frac{a-\mu}{\sigma} \to \frac{b-\mu}{\sigma}$

$$= \int_{\frac{a-\mu}{\sigma}}^{\frac{b-\mu}{\sigma}} \frac{1}{\sqrt{2\pi}} e^{-\frac{1}{2}z^2} dz$$

$$= P\left(\frac{a-\mu}{\sigma} \leqq Z \leqq \frac{b-\mu}{\sigma}\right).$$

この状況を図示したものが次ページ図 4.2 である．

[*1] 正確に言うと，原始関数は存在するが，それが通常のような関数表示ができない．

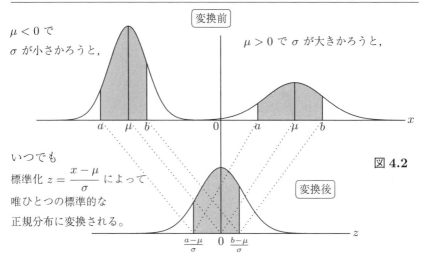

図 4.2

変換後の標準化された正規分布を**標準正規分布**という。μ や σ から作られる代表的な点が変換の前後でどのように移り合うのか，図 4.3 と変換式 (4.3) の両面から徹底的に理解して欲しい。

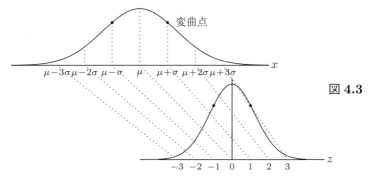

図 4.3

$$z = \frac{x-\mu}{\sigma} : \frac{x \text{軸の} \mu \text{を} z \text{軸の原点に移し,}}{\sigma \text{で割ることで} x \text{軸の幅} \sigma \text{を} z \text{軸上で} 1 \text{にする}}$$

したがって，変換後の標準正規分布に従う変数 Z の平均は 0，分散は 1 となるので，記号で $N(0, 1^2)$ と表せる[*2]。置換積分のプロセスからもわかる

[*2] もちろん $N(0,1)$ と書いてよい。$N(\mu, \sigma^2)$ の気分を残して $N(0, 1^2)$ と書いたまでである。

ように，図 4.2 の変換前後での灰色部分の面積は等しい．そこで次の結果が得られる．

> **正規分布に基く確率を計算する原理**
>
> 正規分布 $N(\mu, \sigma^2)$ に従う確率変数 X に関して確率 $P(a \leq X \leq b)$ を計算するには，標準化した密度関数
> $$f(z) = \frac{1}{\sqrt{2\pi}} e^{-\frac{1}{2}z^2} \tag{4.4}$$
> に対して $N(0, 1^2)$ で $P\left(\dfrac{a-\mu}{\sigma} \leq Z \leq \dfrac{b-\mu}{\sigma}\right)$ を計算すればよい．

もっとも (4.4) も通常の定積分はできないので，代わりに本書の巻末には，$0.00 \leq z \leq 3.99$ の範囲の z に対して確率 $P(0 \leq Z \leq z) = I(z)$ の値を計算した**標準正規分布表**がある．

4.2 標準正規分布表の読み方と実際の計算

巻末の標準正規分布表には，下図の z に対する $I(z)$ の値が計算されている．たとえば $I(1.23)$ を求めたいときは，次のように読む．

z	0.00	0.01	0.02	0.03	$\cdots$
$\vdots$					
1.0	0.3413	0.3438	0.3461	0.3485	$\cdots$
1.1	0.3643	0.3665	0.3686	0.3708	$\cdots$
1.2	0.3849	0.3869	0.3888	0.3907	$\cdots$

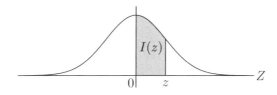

この種の計算をする際に重要なポイントをもう一度確認しておこう。

- 全体の積分値（$-\infty$ から $+\infty$ に渡る面積）は 1 である。
- グラフは縦軸に関して対称である。

このふたつさえ押さえておけばどんな確率も計算できる。

【例題 4.1】 $N(\mu, \sigma^2)$ に従う確率変数 X に対して次の確率を求めよ。
(1) $P(\mu - \sigma \leqq X \leqq \mu + \sigma)$.
(2) $P(\mu - 2\sigma \leqq X \leqq \mu + 2\sigma)$.
(3) $P(\mu - 3\sigma \leqq X \leqq \mu + 3\sigma)$.

解答 もう一度図 4.3 をよく観察しよう。(1) のみ丁寧に解説する。
(1) $P(\mu - \sigma \leqq X \leqq \mu + \sigma) = P(-1 \leqq Z \leqq 1)$ である（下図左）が，

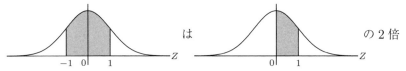

なので，
$$P(-1 \leqq Z \leqq 1) = 2 \times P(0 \leqq Z \leqq 1) = 2 \times 0.3413 = 0.6826$$

となる。これは，確率変数 X が $\mu - \sigma \leqq X \leqq \mu + \sigma$ の範囲にある確率が約 0.683（割合でいえば 68.3%）だということを示している。

(2), (3) も全く同様に，
$$\begin{aligned}
P(\mu - 2\sigma \leqq X \leqq \mu + 2\sigma) &= P(-2 \leqq Z \leqq 2) \\
&= 2 \times P(0 \leqq Z \leqq 2) \\
&= 2 \times 0.4773 = 0.9546, \\
P(\mu - 3\sigma \leqq X \leqq \mu + 3\sigma) &= P(-3 \leqq Z \leqq 3) \\
&= 2 \times P(0 \leqq Z \leqq 3) \\
&= 2 \times 0.4987 = 0.9974
\end{aligned}$$

と計算できる。

4.2 標準正規分布表の読み方と実際の計算

【例題 4.2】 $N(\mu, \sigma^2)$ に従う確率変数 X に関して，次の等式を満たす正数 k を求めよ．

(1) $P(\mu - k\sigma \leqq X \leqq \mu + k\sigma) = 0.95$

(2) $P(\mu - k\sigma \leqq X \leqq \mu + k\sigma) = 0.99$

解答 (1) $P(\mu - k\sigma \leqq X \leqq \mu + k\sigma) = P(-k \leqq Z \leqq k)$ であるから，

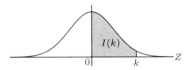

$I(k)$ の値が 0.475 であるような k の値を求めればよい．今度は正規分布表を 今までとは逆に読んで，表中の数値が 0.4750 の箇所を探して $k = 1.960$ とわかる．

(2) 同様にして $I(k) = 0.99/2 = 0.495$ であるような k の値を求めればよいが，正規分布表の該当箇所を見ると

z	$\cdots$	0.07	0.08	$\cdots$
2.5	$\cdots$	0.4949	0.4951	$\cdots$

となっていて，うまく求まらない[*3]．今後このような k の値は非常に頻繁に使うので，次表の値は覚えておくと便利かもしれない．

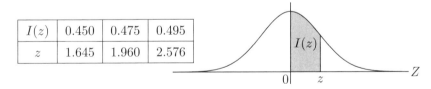

というわけで，この場合の $k = 2.576$ となる．

【例題 4.3】 ある大学の学生の知能指数は平均 114，標準偏差 8 の正規分布に従うという．このとき，知能指数が次の範囲に入る学生の割合を求めよ．

(1) 130 以上 (2) 100 未満 (3) 104 以上 124 以下

[*3] 通常は補間という方法で求めることが多いが，それでも限界がある．

解答 (1) 確率変数としての知能指数を X とおくと，X は $N(114, 8^2)$ に従う。標準化
$$Z = \frac{X - 114}{8}$$
を施すと，
$$P(X \geqq 130) = P(Z \geqq 2)$$
となるから，下図の濃い灰色部分の面積を求めればよい。薄い灰色部分の面

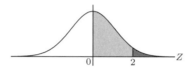

積は正規分布表より 0.4773 と求まるので，$P(Z \geqq 2) = 0.5 - 0.4773 = 0.0227$ となる。知能指数が 130 以上の学生の割合は約 2.3% である。

(2) 同様に，$P(X < 100) = P(Z < -1.75)$ と標準化する。第3章例題 3.8 により，
$$P(Z < -1.75) = P(Z \leqq -1.75)$$
であることを再度注意しておこう。これは下図左の薄い灰色部分の面積のこ

とであるが，対称性により上図右の濃い灰色の面積に等しい。したがって
$$P(Z \leqq -1.75) = P(Z \geqq 1.75) = 0.5 - 0.4599 = 0.0401$$
となり，割合としては約 4% である。

(3) $P(104 \leqq X \leqq 124) = P(-1.25 \leqq Z \leqq 1.25) = 2 \times P(0 \leqq Z \leqq 1.25)$
$$= 2 \times 0.3944 = 0.7888$$
となるので，割合としては約 78.9% ということになる。

4.3 中心極限定理

これは数学史上に燦然と輝く大定理のひとつである．その前に言葉の定義をしておかねばならない．ふたつの離散型確率変数 X, Y があるとき，それぞれが任意の値 $X = x_i, Y = y_j$ をとるという事象が第 2.3 節の意味で独立なとき，X と Y は**確率変数として独立**であるというのである[*4]．

中心極限定理（central limit theorem）

n 個の確率変数 $X_1, X_2, \cdots, X_n$ に対し，これらの平均

$$\overline{X} = \frac{X_1 + X_2 + \cdots + X_n}{n}$$

もまた確率変数であるが，もし $X_1, X_2, \cdots, X_n$ が互いに独立であり，かつ同一の分布（平均が μ，分散が σ^2 とする）に従うなら，n が十分大きいとき，$\overline{X}$ の従う分布は**正規分布** $N(\mu, \sigma^2/n)$ とみなしてよい．

この定理が何を意味しているのか，どんなに驚くべきものか，実験してみようではないか．

【**実験 4.4**】第 1 章例題 1.7（1）を見て欲しい．このデータのヒストグラムは真ん中が凹んで 2 極化し，凡そ正規分布のグラフとは似ていない．このクラスからでたらめに 1 人を抽出してその得点 X を記録するならば，第 3 章で解説したように X は確率変数となる．これを復元抽出として n 回繰り返し，1 回目の生徒の得点を X_1，2 回目の生徒の得点を $X_2, \cdots$ と書くと，$X_1, X_2, \cdots, X_n$ は互いに独立な確率変数で，すべてこの 2 極化した分布に従っていることになる．

試しに $n = 10$ としてコンピュータにランダムに復元抽出させた結果は，

$$90(=X_1),\ 90,\ 90,\ 30,\ 20,\ 80,\ 90,\ 80,\ 20,\ 80(=X_{10})$$

であった．この平均 $\overline{X} = 67$ である．

[*4] 連続型も含めて議論するなら若干アレンジする必要がある．また，$n \geq 2$ に対して一般に n 個の確率変数の独立性を定義するときは少々注意がいる．

さて，この一連の作業を 10000 回繰り返すと $\overline{X}$ が 10000 個溜まり，それらをヒストグラムにすれば $\overline{X}$ が従う分布の姿が見えてくるはずである。それを $n = 2, 10, 1000$ に対して統計ソフト R を使ってシミュレーション実験をしたものが下図 4.4 である。

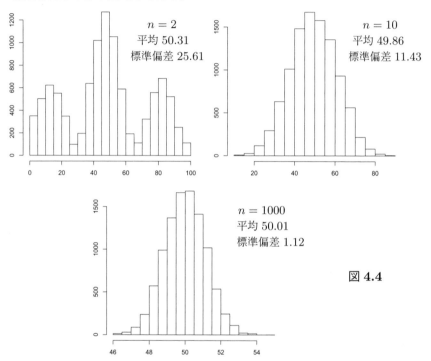

図 4.4

もとの分布が 2 極化分布なので，$n = 2$ では両端に山ができるのは当然である。しかし，$X_1 = 10, X_2 = 90$ のような場合も多く発生するに違いないから，50 点前後にも大きな山ができていることが特筆すべき現象である。もとの分布は 50 点前後が皆無だったことを思い出して，平均をとることの意味を今一度噛みしめて欲しい。

$n = 10, n = 1000$ と進むに従って分布の形が正規分布特有のベル型に近づいてゆく様が一目瞭然であろう。横軸の目盛にも注目されたい。これは R が勝手に作ったものだが，$n = 2$ ではばらつきが大きいため 0 から 100 まで

4.3 中心極限定理

の目盛が必要であるのに対し，$n = 1000$ では 46〜54 までしか作られていない。$\overline{X} = (X_1 + \cdots + X_{1000})/1000$ としては，これ以外の値がほとんど出てこなかったからである。それだけばらつきが小さいのである。

例題 1.7 (1) の分布は平均 $\mu = 50$，分散 $\sigma^2 = 1306.7$ である。中心極限定理によれば，$\overline{X}$ の分布は正規分布 $N(\mu, \sigma^2/n)$ に近づくはずである。これを確認してみよう。

	$n = 2$	$n = 10$	$n = 1000$
平均	50.31	49.86	50.01
分散	655.87	130.64	1.25
σ^2/n	653.35	130.67	1.31

上の表を見れば，各分布の分散が，近づくべき値 σ^2/n に極めて近いことがわかる。$n = 2$ で既にそうである[*5]。

弱い中心極限定理

確率変数 $X_1, X_2, \cdots, X_n$ が互いに独立であり，かつ同一の正規分布 $N(\mu, \sigma^2)$ に従うなら，n が大きくなくても，それらの平均

$$\overline{X} = \frac{X_1 + X_2 + \cdots + X_n}{n}$$

は正規分布 $N(\mu, \sigma^2/n)$ に従う（近似ではない）。

先ほどの中心極限定理が，$X_1, \cdots, X_n$ たちが同一の分布に従うというだけで他に何の仮定も置かなかったのに対し，この定理は「同一の正規分布に従う」という強い制約を課している。「弱い」という形容詞がついているのはそのためである（主張としては弱いから）。しかし，この定理は後続の統計的推測論や仮説検定で土台の役割を果たす重要な定理である。

[*5] μ と $\sigma^2/2$ のふたつの値だけを見て $N(50, 653.35)$ に近いと言ってはならぬ。この分布は山が三つあって正規分布にはほど遠い。N という文字の重みをよく理解する必要がある。しかし，$n = 1000$ では文句なしに正規分布 $N(50, 1.31)$ に近い。

【定理の意味するところ】実験などである量を計測する際，何度か計測してその平均値をとると精度の良い値が得られること，計測の回数を増やすほど精度が上がるということを読者は知っていただろうか．精度が上がるということはばらつきが減る，すなわち標準偏差（分散）が小さくなることに他ならない．第 3 章例 3.3 にあるように計測値は確率変数である．神様だけが知っている真の値 μ を人間が n 回独立に計測するとき，その平均値 $\overline{X}$ は μ の周りに分散 σ^2/n だけのばらつきをもって分布するということ，更にそれだけでなく，n を大きくするとその分布が正規分布に限りなく近づく[*6]ことを $N(\mu, \sigma^2/n)$ という式は物語っているのである．

ランダム現象の背後にこのような驚くべき法則性が潜んでいることを中心極限定理は明らかにしたのであった．神の悪戯（いたずら）はこのように美しく神秘的なのである．

ド・モワブル-ラプラスの定理

n が大きいとき，2 項分布 $B(n,p)$ に従う確率変数 X は近似的に正規分布 $N(np, npq)$ に従う．ここに，$q = 1-p$ であった．p が $1/2$ に近いほど近似の精度は良い．

この定理[*7]の正しさの証拠として，第 2.4 節の図 2.2〜2.4 をもう一度確認されたい．そこでは，$p = 1/6$ が比較的小さかったため，山の部分は $x = np$ を対称軸として正規分布に近くても，確率変数の定義された変域全体で考えると，山は左に偏っていて対称ではなかった．p が $1/2$ に近いときはまるごと正規分布で近似できる．

定理の証明はスターリングの公式を用いる面倒なものなので，改めて実験結果をもって証明に代えることにしよう．

[*6] 通常の計測値は正規分布に従って分布すると考えてよいので，ここで説明したのは弱い中心極限定理の例である．すなわち，計測回数 n を大きくしなくても $\overline{X}$ の分布は正規分布になっている．

[*7] Abraham de Moivre（1692-1770）はフランスの数学者．ユグノーであったが，1685 年（バッハの生誕年！）に太陽王ルイ 14 世がナントの勅令を破棄したため，難を逃れてイギリスに渡った．中心極限定理はド・モワブルの研究を端緒にして発展した結果である．

4.3 中心極限定理

1枚の硬貨を100回投げるベルヌーイ試行で表が出る回数を X とすると，

$$P(X=x) = {}_{100}\mathrm{C}_x \left(\frac{1}{2}\right)^x \cdot \left(\frac{1}{2}\right)^{100-x} = {}_{100}\mathrm{C}_x \left(\frac{1}{2}\right)^{100} \tag{4.5}$$

であるから，X は2項分布 $B(100, 1/2)$ に従う。$n=100$ は十分大きいから，ド・モワブル-ラプラスの定理によれば，これは正規分布 $N(50, 5^2)$ で近似されるはずである。果たして下図のようになり，両者は一致しているといってもよいくらいである。

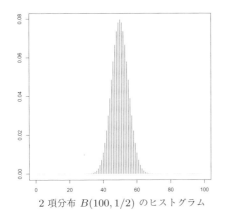
2項分布 $B(100, 1/2)$ のヒストグラム

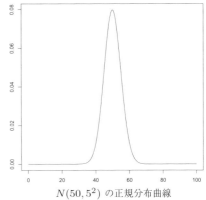
$N(50, 5^2)$ の正規分布曲線

【例題 2.21(再論)】サイコロを60回投げるとき，1の目が6回から14回出る確率 P を求めよ。

解答 第2章の最後にこれを扱ったとき，

$$P = {}_{60}\mathrm{C}_6 \left(\frac{1}{6}\right)^6 \cdot \left(\frac{5}{6}\right)^{54} + \cdots + {}_{60}\mathrm{C}_{14} \left(\frac{1}{6}\right)^{14} \cdot \left(\frac{5}{6}\right)^{46} \tag{$*$}$$

という計算式を前にして凍りついてしまったのであった。なんといっても2項係数は計算が頗る面倒なのが欠点だ。しかし，$n=60$ は十分に大きいので，ド・モワブル-ラプラスの定理により $B(60, 1/6) \approx N(10, 25/3)$ とみなしてよい。2項分布は離散型，正規分布は連続型という違いがあるので，

1 の目が出る回数 X に対して**半整数補正**を施して，

$$\underbrace{P(X=6,7,\cdots,14)}_{\text{2 項分布の世界}} = \underbrace{P(5.5 \leq X \leq 14.5)}_{\text{正規分布の世界}}$$

と考える。$N(10, 25/3)$ を

$$Z = \frac{\sqrt{3}}{5}(X - 10)$$

によって標準化すれば，$P(-1.56 \leq Z \leq 1.56)$ を求めればよいことがわかる。$P(-1.56 \leq Z \leq 1.56) = 2 \times P(0 \leq Z \leq 1.56)$ として，標準正規分布表より $P(-1.56 \leq Z \leq 1.56) = 0.8812$ を得る。因みに (∗) をコンピュータで直接計算させてみると，0.8840 となった。なんとまあ数学の力はすごいことか。

4.4 なぜ正規分布が重要なのか

標題の問に対する答は「正規分布は普遍的だから」である。なぜ普遍的なのか，理由をふたつ挙げよう。

- 中心極限定理

どんなに歪んだ分布に従っている確率変数であっても，それを独立に多数集めて平均をとると，その平均値は正規分布に従って分布するのであった。まるで，あらゆる分布の背後に正規分布が潜んでいて，平均というフィルターを通すとそれが現れてくるかのようである。

- 正規分布は誤差の分布

実験の測定誤差はさまざまな要因によってランダムに生じる。真の値に対し，大きい測定値を得るのも小さい測定値を得るのも 1/2 の確率だと思えば，これはパチンコと同じことである。読者は，釘が沢山打ってあるパチンコ台の上部中央から大量の玉を流したとき，正規分布特有のきれいなベル型曲線を描いて玉が溜まってゆくのを見たことがないだろうか。玉が釘に当たったとき，右に流れるのも左に流れるのも 1/2 の確率である。釘が 100 段あり，

4.4 なぜ正規分布が重要なのか

玉が各釘に当たって右に流れる回数を X とすれば，X は (4.5) と全く同じ2項分布に従い，それはド・モワブル-ラプラスの定理によって正規分布に収束するからである．

成人式を迎えた日本の若者全員の身長や知能指数，工業製品のサイズなど多くがほぼ正規分布に従う理由も，見えないところで多数の偶然が絶えず生じた結果，ド・モワブル-ラプラスの定理が働いたものと考えられる[*8]．

正規分布は別名ガウス分布とも呼ばれるが，それはガウス[*9]が天文観測の際，毎回異なる測定結果を得ることについて考え始めたことに端を発する．観測対象の大きさは不変であるにもかかわらず，どんなに気をつけても様々の小さな要因が積み重なってこの誤差は生じるのである．ガウスは，このような誤差から観測対象の真の値を推測する理論を作り出す過程で正規分布曲線に辿り着いたのであった．

Pierre-Simon Laplace

Abraham de Moivre

Carl Friedrich Gauß

[*8] 理由をふたつ挙げたが，後者も中心極限定理からの結論であるともいえる．
[*9] Carl Friedrich Gauß (1777-1855)．人類史上最高の数学者の一人．ゲッティンゲン天文台長も務めた．言語学者になるか数学者になるか悩んでいたが，1796 年 3 月 30 日の朝，目覚めた当時 19 歳の青年ガウスが起き上がろうとした瞬間，かねてから考えていた正 17 角形の定規とコンパスだけによる作図法を発見して数学の道を選んだという（ガウスは日記をつけていたのである．高瀬正仁訳・解説「ガウスの数学日記」，日本評論社）．その業績はいわゆる整数論のような純粋数学のみならず，複素平面の考案による複素関数や楕円関数の研究，電磁気学，測量学，天文学にまで及ぶ．

演習問題 4

1 次の正規分布のグラフを見て，α, β, γ の値を求めよ。● は変曲点である。

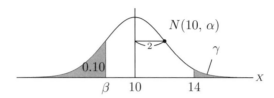

2 20歳の若者の最高血圧（収縮期血圧）X は，ほぼ $N(120, 400)$ に従っているものとする。このとき，$P(X \geqq a) = 0.025$ となる a の値を求めよ。

3 ある機械が作る錠剤の重さは，平均 200mg，標準偏差 10mg の正規分布に従っていることが経験的にわかっている。この錠剤の中から任意に 1 個を選ぶとき，その重量が 185mg 以上 215mg 以下となる確率を求めよ。

4 T 大学の卒業試験の得点分布は平均 132 点，標準偏差 20 点の正規分布にほぼ近い形をしていた。100 点以上を合格とするとき，不合格になる学生の割合はどのくらいであると考えられるか。

5 ある家電製品のモーターの寿命は平均 6 年，標準偏差 2 年の正規分布に従うとみなしてよいことがわかっている。保証期間以前に故障するモーターの割合を高々 15% にとどめるためには，メーカー側としては保証期間（単位 年）をどのように定めればよいか。

6 1kg 入りと書かれたジャムの瓶 500 個について内容量を量ったところ，平均が 980g，標準偏差が 25g であった。内容量は正規分布に従うとすると，1kg 以上入っている瓶は何個ぐらいあると考えられるか。

第 5 章

正規分布から派生する分布

キーワード　χ^2 分布，t 分布，F 分布，それらの分布曲線と表の読み方

5.1　χ^2 分布

　正規分布は非常にありふれた分布であるから，正規分布に従う確率変数 X から数学的な操作を行って得られる別の確率変数がどんな分布に従うのかというのは興味ある現実的な問題である。第 4 章で学んだ弱い中心極限定理は，同一の正規分布に従う独立な n 個の確率変数 $X_1, \cdots, X_n$ の平均値をとるという数学的操作から得られる $\overline{X}$ の分布に関するものだから，まさにこの例だったのである。本書の目標である第 7 章以降の統計的推測論や，仮説検定で活躍する重要な分布は，すべて標準正規分布からこのような形で派生して現れる分布なのである。

　例 5.1　標準正規分布 $N(0, 1^2)$ に従う連続型確率変数 X があるとき，X^2 はいったいどんな分布に従うだろうか。X の従う確率密度関数は

$$f(x) = \frac{1}{\sqrt{2\pi}} e^{-\frac{x^2}{2}}$$

だから，X^2 もある確率密度関数をもち，それに則った法則性に従うに違いない。それを描いたのが次ページのグラフである。

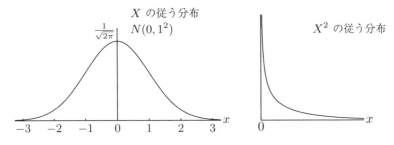

X^2 の確率密度関数は

$$f(x) = \frac{1}{\sqrt{2\pi x}} e^{-\frac{x}{2}} \quad (x > 0)$$

となる[*1]。証明は巻末付録 B にある。これを一般化して次の定義をおく。

χ^2 分布の定義

標準正規分布 $N(0, 1^2)$ に従う n 個の独立な確率変数 $X_1, X_2, \cdots, X_n$ に対し、そこから作った $X = X_1^2 + \cdots + X_n^2$ が従う確率分布を**自由度 n の χ^2 分布**という。形から想像つくように、χ^2 分布は分散と深い関係がある。

この $X = X_1^2 + \cdots + X_n^2$ の確率密度関数は

$$f(x) = \frac{1}{2^{n/2}\Gamma(n/2)} x^{\frac{n}{2}-1} e^{-\frac{x}{2}} \quad (x > 0) \tag{5.1}$$

で与えられる。Γ はガンマ関数を表すが、その定義は巻末付録 F に譲る。統計ユーザーはこんな数式を覚える必要はさらさらない。グラフは次ページにある。n が大きくなるにつれて正規分布に近づいてゆく。

注意 5.2 χ^2 は「χ を 2 乗したもの」ではなく、全体でひとまとまりの記号である。χ を単独で用いることはない。

注意 5.3 自由度を忘れてしまった読者は第 1.5 節の最後をもう一度読もう。自由度が n であるとは、$X_1, \cdots, X_n$ が独立に動いて互いに何の関係もないということである。

[*1] $x \leq 0$ では $f(x) = 0$ と定義しておく。

5.1 χ^2 分布

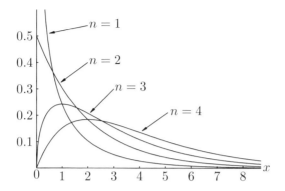

$X = X_1^2 + X_2^2 + \cdots + X_n^2$ という形からもわかるように，χ^2 分布では X が負の値をとることはないので，$x < 0$ では $f(x) = 0$ である。したがって，$x < 0$ の部分をいちいちグラフに描かない。

(5.1) を確率密度関数にもつ χ^2 分布に従う確率変数 X について，

$$平均 E(X) = n, \quad 分散 V(X) = 2n$$

である。

巻末の χ^2 分布表には縦軸に自由度 n が，横軸には下図の灰色部分の面積 α がとられている。この灰色部分の面積の意味については第 7 章以降でわかるであろう。その交差点に書いてある数値のことを $\chi^2(n;\alpha)$ と記す。たとえば，$\chi^2(6;0.05)$ の値が知りたければ次のように読む。

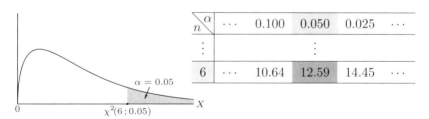

この $\chi^2(6;0.05) = 12.59$ が上図の灰色部分の面積 0.05 を与える横軸 X の値なのである。

5.2　t 分布

t 分布は，Oxford 大学で数学と化学を学び，イギリスのビール醸造会社ギネス社に技師として就職したゴセット[*2]が，ビールの品質を統計的に評価する際に考え出した分布であり，現代の統計学の立場からは次のように定義される。

---
t 分布の定義

$N(0, 1^2)$ に従う確率変数を X，独立に自由度 n の χ^2 分布に従う変数を Y とするとき，そこから作った変数 $T = \dfrac{X}{\sqrt{Y/n}}$ が従う確率分布を **自由度 n の t 分布**という。

この定義は抽象的でほとんどイメージが湧かないであろう。第 7 章でゴセットの通った道を辿りながら現実の問題に即した解説をするので，そのときに理解すればよい。ただし，実験や治験に日常的に関わる化学・薬学従事者にはとても大切な分布であることだけ注意しておく。

T の確率密度関数は，自由度 n に依存して次のように決まる[*3]。

$$f_n(t) = \frac{1}{\sqrt{n}\, B(1/2, n/2)} \left(1 + \frac{t^2}{n}\right)^{-\frac{n+1}{2}}. \tag{5.2}$$

B はベータ関数を表すが，その定義は巻末付録 F に譲る。統計ユーザーは，ベータ関数も (5.2) も知っている必要はない。$f_n(t)$ のグラフは自由度 n に応じて次ページのようになるが，ちょっと見ただけでは正規分布と見分けがつかない。それもそのはず，$n \to \infty$ のとき $f_n(t)$ は標準正規分布 $N(0, 1^2)$ の確率密度関数に収束するのである[*4]。

[*2] William Sealy Gosset（1876-1937）。小標本に基づく現代の推測統計学の創始者の一人とも言われる。ギネス社が論文の発表を許可しなかったので，本名を隠して student（一学生）というペンネームで発表された論文中に t 分布が述べられている。

[*3] 確率変数を T と書いたので，密度関数の変数も t とした。

[*4] このことを示すにはスターリングの公式を用いなければならないので省略する。

5.2 t 分布

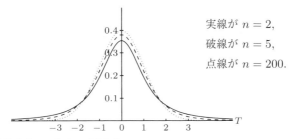

実線が $n=2$,
破線が $n=5$,
点線が $n=200$.

標準正規分布と t 分布の相違点

- 正規分布と違って，t 分布には自由度がついてまわる。
- 自由度が小さいほどグラフが緩やかになり，標準正規分布との違いが目立つようになる。

巻末の t 分布表を見ると，自由度 $n=240$ の次は ∞ となっているが，これは $n=240$ を超えるような n に対しては標準正規分布と同じとみなしてよいということである。t 分布表の見方は χ^2 分布表と似ているが，$f_n(t)$ のグラフが縦軸に関して対称なので，灰色部分の面積の読み方に違いがある。

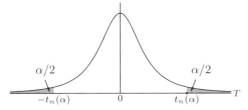

上図において，灰色部分は縦軸に関して対称にとられており，合計の面積が α，したがって片側だけで $\alpha/2$ である。たとえば $t_9(0.05)$ の値を知りたいなら，

n \ α	$\cdots$	0.100	0.050	0.020	$\cdots$
$\vdots$			$\vdots$		
9	$\cdots$	1.833	2.262	2.821	$\cdots$

のように読んで $t_9(0.05) = 2.262$ を得る。このとき $T \geq t_9(0.05)$ の部分の面積が 0.025 ということである。

なお，自由度 n の t 分布に従う確率変数 T の平均と分散はそれぞれ

$$E(T) = 0, \quad V(T) = \frac{n}{n-2} \quad (n \geq 3)$$

となる。$n = 1, 2$ のとき分散は発散して存在しない。

5.3　F 分布

現代の推測統計学の創始者であるフィッシャーが導入したので，その名前の頭文字をとってこのように呼ばれる。

F 分布の定義

X, Y がそれぞれ独立に自由度 m の χ^2 分布，自由度 n の χ^2 分布に従うとき，そこから作った変数 $F = \dfrac{X/m}{Y/n}$ が従う確率分布を**自由度 (m, n) の F 分布**という。χ^2 分布は分散を記述するので，F 分布は分散の比に関係する。分散分析では専ら F 分布が用いられる。

F の確率密度関数[*5]は

$$f_{m,n}(x) = \frac{1}{B(m/2, n/2)} \left(\frac{m}{n}\right)^{\frac{m}{2}} x^{\frac{m}{2}-1} \left(1 + \frac{m}{n}x\right)^{-\frac{m+n}{2}} \quad (x > 0)$$

という恐ろしげな形をしている。こんな式を覚えておく必要はない。次ページ図 5.1 に，3 種類の (m, n) に対して $f_{m,n}(x)$ のグラフを描いた。$(10, 5)$ と $(5, 10)$ のグラフが全く違うように，m と n の順序は大切である。

さて，F 分布はふたつの自由度 (m, n) をもっているので，巻末には次ページ図 5.2 の色つき部分の面積 α の代表的な値ごとに F 分布表が作られており，横軸には m の値が，縦軸には n の値がとられている。

[*5] F 分布の確率変数を F と記したので，本来 $f(f)$ と書くべきかもしれないが，いくらなんでもこれは妙なので変数には x を用いた。また，$x \leq 0$ では $f(x) = 0$ と定義する。

5.3 F分布

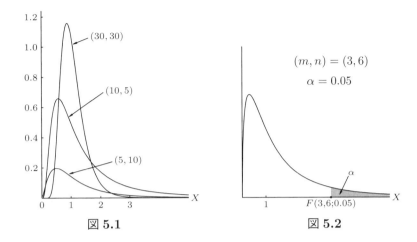

図 5.1 図 5.2

たとえば $(m,n) = (3,6), \alpha = 0.05$ のとき，図 5.2 の横軸の値 $F(3,6;0.05)$ を知りたいなら，

m n	⋯	2	3	4	⋯
⋮		⋮			
6	⋯	5.143	4.757	4.534	⋯

のように読んで，$F(3,6;0.05) = 4.757$ を得るという具合である。

注意 5.4 X が自由度 $(1,n)$ の F 分布に従うとき，$X = T^2$ と変換したときの T の従う分布が自由度 n の t 分布に他ならない。

注意 5.5 どの F 分布表の数値も 1 より大きいことに気づいただろうか。それはもちろん，$\alpha = 0.05$ のような小さい数値を与える $F(m,n;\alpha)$ がすべて 1 より大きくなるからであるが，後に $\alpha = 0.95$ のような大きい数値に対する $F(m,n;\alpha)$ の値を知る必要が生じる。そのときは次の関係式を利用する。

$$F(m,n;\alpha) = \frac{1}{F(n,m;1-\alpha)}. \tag{5.3}$$

演習問題 5

1 巻末の χ^2 分布表から次の値を読め。
(1) $\chi^2(1; 0.01)$ (2) $\chi^2(24; 0.025)$ (3) $\chi^2(24; 0.975)$ (4) $\chi^2(7; 0.05)$ (5) $\chi^2(7; 0.95)$

2 巻末の t 分布表から次の値を読め。
(1) $t_9(0.01)$ (2) $t_9(0.10)$ (3) $t_6(0.01)$ (4) $t_6(0.05)$ (5) $t_{27}(0.05)$

3 巻末の F 分布表から次の値を読め。
(1) $F(30, 25; 0.05)$ (2) $F(7, 6; 0.05)$ (3) $F(24, 14; 0.025)$ (4) $F(1, 48; 0.01)$

4♯ (5.3) 式が成り立つことを示せ。

5♯ 注意 5.4 を数表から確認しよう。X が自由度 $(1, 5)$ の F 分布に従うとする。たとえば $F(1, 5; 0.05) = 6.608$ に対し，$X = T^2$ と変換したときの T が自由度 5 の t 分布に従っていることを確かめるには，t 分布表のどこの値を見ればよいか。そして確かに値が一致することを確認せよ。

第 6 章
母集団と標本

キーワード　母集団，標本，無作為抽出，標本変数，実現値，母数，標本特性値，標本分布，標本平均の分布，正規母集団，乱数表

6.1　母集団と標本

　統計調査の対象であるすべての個体の集合を**母集団**（population）という。もう少し正確に言うなら次のようになる。調査対象の個体の集合を Ω，その上で定義された確率変数を X と書くとき，ペア (Ω, X) を母集団というのである[*1]。第 3 章冒頭に述べたように，確率変数 X とは，関数 $X : \Omega \to \mathbb{R}$ のことでもあった[*2]。すなわち，X は Ω の各個体 ω に対して，なんらかの実数値 $X(\omega)$ を対応させる関数である。

　例 6.1　20 歳の日本人女子大学生の集合を Ω とし，その身長を調べる実数値関数を X とすると，各個体 $\omega_1, \omega_2, \cdots$ に対して，$X(\omega_1) = 164.3, X(\omega_2) = 157.2, \cdots$ のようになる。これを (Ω, X) と表せば，20 歳の日本人女子大学生の身長を調べているとわかる。Ω は同じままで，今度は体重を調べたいなら，確率変数を Y と書き直して (Ω, Y) とすればよい。(Ω, X) と (Ω, Y) は母集団としては異なったものになるわけである。

[*1] いちいち記号で (Ω, X) と書かないことも多い。
[*2] $\mathbb{R}$ は実数全体の集合を表す数学記号。

注意 6.2 個体 ω がもっている数値を x とするとき，$X(\omega) = x$ と書くのは煩わしい。そこで，以後これを単に $X = x$ などと書いてしまうことがある。

例 6.1 からもわかるように，X の数値全体はある分布に従っていると考えられる。その分布のことを**母集団分布**と呼ぶ*3。例 6.1 の母集団 (Ω, X) が正規分布に従うと考えてよいことは第 4.4 節にも書いた通りである。

Ω が有限集合であるか無限集合であるかに応じて，(Ω, X) をそれぞれ有限母集団，無限母集団というが，数学的には有限集合であっても十分大きい場合は**無限母集団**として扱うことが普通である。母集団をくまなく調査すること（これを**全数調査**という）ができればもちろん母集団分布はすっかりわかるのだが，無限母集団のときは言うに及ばず，有限母集団でもさまざまな事情によって全数調査は不可能なことが多い。そのため，実際の調査は Ω から一部分を抜き取って実施される。その一部分のことを**標本** (sample) というのである。標本を構成する個体の個数を**大きさ**とか**サイズ**などと呼ぶ。

例 6.3 5 年に一度実施される国勢調査は全数調査の代表である。その目的は，日本の人口や市区町村別人口推移，家族構成，産業別就業人口など，今後の政策の基礎になる調査である。これほど大規模で莫大な費用と労力がかかる調査が可能なのは，調査機関が国（総務省統計局）だからである。

例 6.4 担任の先生が，クラスの生徒の成績傾向を第 1 章で学んだような方法を用いて調べるだけなら全数調査をしていることになる。

例 6.5 製品の品質検査では，その全部を開封したり分解したりして検査することはできないから，仮に有限母集団であっても標本調査になる。

例 6.6 痛風の治療薬の効果を調べたいとき，すべての痛風患者の集合を Ω とし，$X(\omega)$ をたとえば治療薬投与後の $\omega \in \Omega$ の尿酸値とすれば，母集団は (Ω, X) である。痛風患者は将来に渡って発生し続けるから Ω は無限

---

*3 X の数値全体とは，ω が Ω を渡るときの $X(\omega)$ 全体のこと。例 6.1 でいえば，20 歳の日本人女子大学生の身長全体である。20 歳の日本人女子大学生が N 人いるとして，どの学生も等確率で選ばれることから，各個体 ω に対して $P(\{\omega\}) = 1/N$ として Ω 上に確率を定義する。このとき，$P(\{\omega \in \Omega \,|\, a \leq X(\omega) \leq b\})$ のことを母集団分布と呼ぶのである。身長がある範囲に含まれる確率を表しているからである。

集合である。また，すべての痛風患者にこの治療薬を投与することなどできるはずもないので，投与したと仮定したときの数値まで考えているという意味において，このような母集団 (Ω, X) は観念的な存在である。

例 6.7 ある実験で 10 個の測定値データを取ったときを考える。同一条件下で無限回繰り返したその実験全体の集合を Ω，各回の測定値を X とすると，母集団は (Ω, X) であり，得られたデータは大きさ 10 の標本値である。このように，実験データはもとから標本値と考えてよい。

例 6.8 ある工場で毎日生産している同一規格のネジの不良品率を調べたいとしよう。良品には 1，不良品には 0 という数標識を対応させると，母集団は 0 と 1 からなる 1110110111··· のような無限列だと考えてよい。でたらめに 20 本抜き取って検査したところ，不良品は 1 本もなかったとする。この無限列から無作為に 20 個の数字を選んだらすべて 1 だったということである。20 個の 1 を並べた列が標本である。この結果から，母集団に 0 は非常に少ないのではないかと誰もが予想するだろう。

6.2 推測統計学における標本の役割

定義 6.9 母集団分布の平均値や分散など，母集団の特性を表す数値のことを**母数**（population parameter）といい，個々の母数を母平均，母分散（母標準偏差）のように "母" という接頭辞をつけて呼ぶ。

母集団 (Ω, X) は何らかの分布をもっている。しかし，それがどういう分布なのかは不明である。母数も不明である。我々はそれを標本調査によって知りたいのだ。

鋭い読者は，第 3 章では確率変数 X とは試行によって確率的に値が決まる変数だと説明されていたのに，その試行や確率はどこにいったのかと疑問に思ったかもしれない。母集団 (Ω, X) から標本を抽出することは Ω から個体 ω を選び出すことであり，標本調査をすることで値 $X(\omega)$ が決まる。すぐ後に説明するように，標本は**無作為抽出**されなければならない。まったくでたらめに偶然現象として抜き取られるという意味である。変数 X のと

る値は，$\omega \in \Omega$ の無作為抽出という試行によって初めて決まる．だから X は確率変数なのである．この意味で X を**標本変数**と呼んでもよい．

標本変数 X は母集団と同一の分布に従ってくれないと困る．抽出が作為的だったり偏向していたりしたら，標本変数 X は誤った母集団分布を我々に伝えてしまう．無作為に確率的に抽出されるからこそ，標本は母集団の縮図となり，母集団の性質を反映するのである．

また，大きさ n の標本をとるときは，各標本変数 $X_1, X_2, \cdots, X_n$ がすべて独立に母集団と同じ分布に従う確率変数である必要がある．それであればこそ，第 4.3 節の中心極限定理が適用でき（定理の条文を読み直せ），母集団分布の推定に確率論という強力な数学が使えるようになるのである．

標本抽出の際に復元抽出か非復元抽出かが問題にされるのは，それが独立性に本質的に影響するからである（第 2.3 節）．たとえ無作為であっても非復元抽出で大きさ 2 の標本を作ると，1 回目抽出の標本変数 X_1 と 2 回目抽出の標本変数 X_2 とが独立にならないことは例 2.16 で見た通りである[*4]．しかし，標本サイズに比べて母集団が十分大きい場合には，非復元抽出であっても独立性を損なわないと考えても差し支えない．

問 6.10 10000 本のうち 10 本が当たりであるくじを非復元抽出で 2 回引くとき，1 回目の結果がどうであろうと，2 回目に当たる確率には無視できる程度の影響しかないことを実感せよ．したがって，近似的には独立性が保たれている．

定義と記号 6.11 n 個の標本を抽出して観測を行うと，我々の手元には n 個の数値 $x_1, x_2, \cdots, x_n$ が溜まる．これらを**実現値**または **標本値**と呼んで標本変数 $X_1, X_2, \cdots, X_n$ とは区別する．実現値は標本調査をして初めて決まるものであり，それまでは標本変数が実際にどんな値をとるかはまったくわからない．母集団分布に従う標本変数 $X_1, \cdots, X_n$ が，無作為抽出によって $X_1 = x_1, \cdots, X_n = x_n$ という実現値を確率的に選び取ってこの世に現れたというわけである．変数の段階では大文字を，実現値には小文字を当てるのが慣習である．我々が普段から何気なく「データ」と呼んでいるものが標本実現値に他ならない．

[*4] 確率変数が独立であることの定義は第 4.3 節冒頭にある．

6.2 推測統計学における標本の役割

記号 6.12 以後は，母数と標本実現値から計算した量とを明確に区別する必要がある．標本実現値から計算した量は標本の特性を表すから**標本特性値**と名づけ，それぞれには"標本"という接頭辞をつけて呼ぶことにしよう．母数にはギリシア文字を，標本特性値には英字を用いると覚えて欲しい．重要なのは平均と分散（標準偏差）なので，それについてだけ表にまとめる．

	平均	分散	標準偏差
母数	μ	σ^2	σ
標本特性値	$\overline{x}$	s^2	s

標本サイズを n とすれば，

$$\overline{x} = \frac{x_1 + x_2 + \cdots + x_n}{n}, \quad s^2 = \frac{1}{n}\sum_{i=1}^{n}(x_i - \overline{x})^2, \quad s = \sqrt{s^2}$$

である．

注意 6.13 たとえば，標本特性値

$$\overline{x} = \frac{x_1 + x_2 + \cdots + x_n}{n}$$

と，標本変数 $X_1, X_2, \cdots, X_n$ から数学的操作を行って得られる確率変数

$$\overline{X} = \frac{X_1 + X_2 + \cdots + X_n}{n}$$

とを混同してはならない（第 5 章冒頭参照）．s^2 と S^2 も同様．<u>変数は大文字</u>という原則を忘れないようにしよう．

6.3 標本分布

これは推測統計学の原理となる重要な概念である。ある母集団分布に従う標本変数の組 $X_1, \cdots, X_n$ から何らかの数学的操作によって構成した別の変数[*5]が従う確率分布のことを一般的に**標本分布**という（第 5 章も参照）。

例 6.14 特に重要なのが

$$\overline{X} = \frac{X_1 + X_2 + \cdots + X_n}{n} = \frac{1}{n}\sum_{i=1}^{n} X_i$$

のときであり、この確率変数を**標本平均**という。$\overline{X}$ の従う分布は**標本平均の分布**と呼ばれる。現実の標本から求めた平均値

$$\overline{x} = \frac{x_1 + x_2 + \cdots + x_n}{n} = \frac{1}{n}\sum_{i=1}^{n} x_i$$

は確率変数 $\overline{X}$ の実現値ということになる。

標本平均の分布の最重要例として、第 4 章で学んだ中心極限定理を再度掲出しよう。

中心極限定理（central limit theorem）

n 個の標本変数 $X_1, X_2, \cdots, X_n$ に対し、これらの平均

$$\overline{X} = \frac{X_1 + X_2 + \cdots + X_n}{n}$$

もまた確率変数であるが、もし $X_1, X_2, \cdots, X_n$ が互いに独立であり、かつ同一の分布（平均が μ、分散が σ^2 とする）に従うなら、n が十分大きいとき、$\overline{X}$ の従う分布は**正規分布** $N(\mu, \sigma^2/n)$ とみなしてよい。

[*5] 数学的に正確に表現すれば「$X_1, \cdots, X_n$ の関数」ということになる。数学が得意でない読者は、要するに $X_1, \cdots, X_n$ でできた式のことだと思えばよい。これを**統計量**と呼ぶのが一般的だが、どうも印象の薄い用語であるように思う。何かもっと気の利いたネーミングはないものだろうか。

6.3 標本分布

> **弱い中心極限定理**
>
> 標本変数 $X_1, X_2, \cdots, X_n$ が互いに独立であり，かつ同一の正規分布 $N(\mu, \sigma^2)$ に従うなら，n が大きくなくても，それらの平均
> $$\overline{X} = \frac{X_1 + X_2 + \cdots + X_n}{n}$$
> は正規分布 $N(\mu, \sigma^2/n)$ に従う（近似ではない）。

この定理が意味するところを図解してみよう。

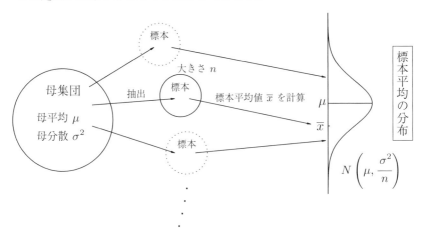

分布の不明な母集団から大きさ n の標本を無作為抽出し，その標本平均値 $\overline{x}$ を計算する。これが実線で描かれている部分である。取った標本を元に戻して再び大きさ n の標本を抽出し，その標本平均値を計算する。この操作を無限回繰り返したと考えて欲しい。もちろん仮想の話である。図の点線部分がそれに当たる。すると，我々の手元には無限個の標本平均値 $\overline{x}^{(1)}, \overline{x}^{(2)}, \overline{x}^{(3)}, \cdots$ が溜まる。これら無限個の標本平均値が全体として正規分布 $N(\mu, \sigma^2/n)$ に従うというのが定理の主張である。無作為抽出をする限り標本は母集団の縮図なので，$\overline{x}^{(1)}, \overline{x}^{(2)}, \overline{x}^{(3)}, \cdots$ たちは必ずや母集団の性質を反映して分布するはずで，それをたった 1 回だけ本当に計算した $\overline{x}$ を基にして確率論的に推理しようというのが統計的推測論なのである。

さて，母集団分布が不明であると書いたが，標本から母集団分布を推定するのは困難で，通常は母数の推定で満足する。しかし，正規分布は普遍的な分布であり，母集団分布に正規性を仮定してよいケースも多い。正規分布に従う母集団を**正規母集団**と呼ぶ。正規母集団に対しては弱い中心極限定理が成り立つ。母集団分布が不明な場合は弱い中心極限定理は使えないが，標本サイズが十分大きいという条件が満たされれば中心極限定理が適用される。

第4.3節の【弱い中心極限定理の意味するところ】をここでもう一度読んで欲しい。正規分布 $N(\mu, \sigma^2)$ に従う母集団があるが，母数 μ, σ^2 は不明であるとしよう（下図6.1B）。標本は確率的に選ばれるので，その実現値は抽出のたびにさまざまに変動する。したがって，1個の標本値 x_1 だけでは時には「えっ」というような値もとろう。しかし，標本サイズを大きくしてそれらの平均 $\bar{x} = (x_1 + x_2 + \cdots + x_n)/n$ を考えれば，極端な値は平均の作用によって中和され，その値は母平均 μ に近づくであろうことは容易に想像できる。しかも，n が大きいほど中和作用が強く働いて，μ から大きく外れた値は出にくくなってゆくことも合点がいくであろう。これを表しているのが下図 6.1A の分布 $N(\mu, \sigma^2/n)$ である。n が大きいほど分散 σ^2/n は小さくなり，したがって平均値 μ の周りへの集中度が増すわけである。

A と B が**平均値 μ を共有している**ということに注意を向けて欲しい。これが第7章で学ぶ母平均推定の基本になるのだから。

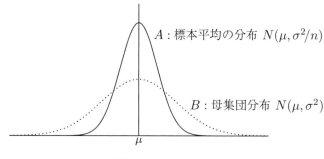

図 6.1

6.4 母平均推定の原理

例 6.6 の痛風治療薬のケースを思い浮かべてみよう。Ω はすべての痛風患者の集合，X は同一条件下で計測した治療薬投与後の患者の尿酸値[*6]を表す確率変数である。このような母集団 (Ω, X) は正規分布に従うと仮定しても構わない。それを $N(\mu, \sigma^2)$ と設定する。

Ω から n 人を無作為抽出し，その実現値 $x_1, x_2, \cdots, x_n$ に対して標本平均値 $\bar{x}$ を計算すると，このような $\bar{x}$ 全体が正規分布 $N(\mu, \sigma^2/n)$ に従って分布するというのが弱い中心極限定理の主張であった。したがって，唯一つ実際に計算した $\bar{x}$ は図 6.2 の右の分布のどこかに落ちる。

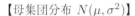
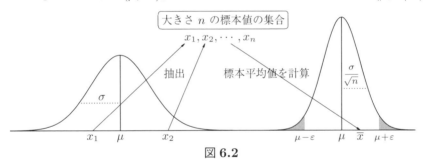

図 **6.2**

上図灰色部分の面積の合計が全体の 5% であるとしよう。すなわち，計算した $\bar{x}$ が灰色部分に落ちる確率が 0.05 である。これを数式で表すと，

$$\begin{aligned}
&\mu - \varepsilon \leq \bar{x} \leq \mu + \varepsilon \quad \text{となる確率が } 0.95 \\
\Longleftrightarrow \quad & |\bar{x} - \mu| \leq \varepsilon \quad \text{となる確率が } 0.95 \\
\Longleftrightarrow \quad & |\mu - \bar{x}| \leq \varepsilon \quad \text{となる確率が } 0.95 \\
\Longleftrightarrow \quad & \bar{x} - \varepsilon \leq \mu \leq \bar{x} + \varepsilon \quad \text{となる確率が } 0.95
\end{aligned} \tag{6.1}$$

となる。最後の式は，我々が知りたい母平均 μ の値が 95% の確からしさ

[*6] 血漿中の尿酸濃度のことで，単位は mg/dL。この値が 7.0mg/dL を超えると高尿酸血症と呼ばれる。というのも，この値を超えると尿酸が結晶化する傾向があるからである。

で存在するはずの範囲を表しているではないか！最初に $\bar{x}$ を主語にして始まった主張が，最後には未知の母平均 μ を主語にした主張に変わっていることに注目されたい。前ページの (6.1) 式のうちの真ん中の 2 段でそれをやっている。絶対値記号の中の順番を入れ替えただけだが，数式で書くとピンとこないという読者のために，別の説明を試みてみよう。

下図 6.3 で ε を正の実数とし，区間 $[b-\varepsilon, b+\varepsilon]$ を考える。a を主語にして，a がこの区間に入っているということは，$b-\varepsilon \leqq a \leqq \varepsilon$ を意味する。しかし，立場を逆転させて b を主語にしてみると，それは b が a を中心とする区間 $[a-\varepsilon, a+\varepsilon]$ に入っていることでもある。a がどこにあってもこのことは成り立っている。図 6.3 とにらめっこしてよく考えていただきたい。$a = \bar{x}, b = \mu$ としたものが上の場合である。

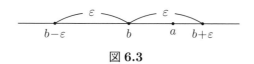

図 6.3

もう一度前ページの議論に戻ると，$\bar{x}$ は我々が求めた標本平均値であるから，もちろん具体的にわかっている。ということは，ε の値が具体的にわかりさえすれば，(6.1) によって未知の母平均 μ の存在範囲が確率論的に推定できることになる。これを実行する詳細は第 7 章に任せることにしよう。

6.5　標本の抽出

前節で述べたように，標本は無作為抽出されなければならない。無作為とは，<u>母集団のどの個体も等確率で標本に選ばれるチャンスがある</u>ということである。でたらめとは「いい加減」という意味ではない。

例 6.15　20 歳の日本人女子大学生の母集団から 100 人を無作為に復元抽出して標本を作るとしよう。すると，同じ学生を 2 度以上選んでしまう可能性があるが，「この人はさっき選んだから」としてこの抽出を無効にしてはならない。復元抽出では同じ個体が複数回選ばれる可能性が常にあるの

6.5 標本の抽出

で，標本の中に重複があっても一向に構わないのである。サイコロを振って 1 の目が出たからといって，2 回目に 1 の目が出にくくなるわけではないのと同じことである。

まったく無作為に標本を取り出すのは口で言うほど簡単なことではない。無作為標本を抽出する最も簡単な方法は**乱数表**を用いることである。乱数表とは，0 から 9 までの数字が独立（次の数字が予測できないこと）で一様に等確率で分布している表のことである。言うなれば，0 から 9 までの数字が書かれたカードを袋に入れ，1 枚取り出して数字を記録したら袋に戻してよくかき混ぜて次を取り出す，という試行を繰り返して得られる数列のことである。実は，乱数とは何かという数学的に確定した定義はない[7]のだが，数学的興味から，ここでは"ほぼ乱数"になっていると判断できる円周率 π で乱数表の代用としよう[8]。

$\pi = 3.$

14159	26535	89793	23846	26433	83279	50288	41971
69399	37510	58209	74944	59230	78164	06286	20899
86280	34825	34211	70679	82148	08651	32823	06647
09384	46095	50582	23172	53594	08128	48111	74502
84102	70193	85211	05559	64462	29489	54930	38196
44288	10975	66593	34461	28475	64823	37867	83165
27120	19091	45648	56692	34603	48610	45432	66482
13393	60726	02491	41273	72458	70066	06315	58817
48815	20920	96282	92540	91715	36436	78925	90360
01133	05305	48820	46652	13841	46951	94151	16094

【例題 6.16】上に掲載した円周率 π の小数第 400 位までの表を用いて，100 人の学生から 10 人を無作為抽出せよ。

解説 100 人の学生に 00 から 99 までの番号を割り振る。そしてサイコロを 2 回振って，たとえば 6 と 2 が出たとしたら，π の表の第 6 行第 2 列

---

[7] 有名な数学者・計算機科学者 D.E.Knuth（1938-）の本には何種類もの乱数列の定義が載っていて，そのどれもが満足すべきものではないと Knuth 本人が述べている。

[8] π がほぼ乱数になっていることは，後に χ^2 検定の例題とする。

から2桁ずつ区切って横に読んで，

$$10, 97, 56, 65, 93, 34, 46, 12, 84, 75$$

のように10人を選ぶ．もし同じ数字が出てきたら，2度目以降の数字はとばせばよい[*9]．

しかし，乱数表を常に用意している奇特な人は多くないだろう．そこで，実際にはコンピュータを使って簡単に発生させることができる**擬似乱数**というものが広く利用されている．乱数を使ったシミュレーション実験によって問題を処理する方法の総称を一般に**モンテカルロ法**[*10]というが，そこで使われるのが擬似乱数である．擬似乱数は数式を用いて定義されるのでそもそもランダムではないのだが[*11]，それでも十分に"乱数っぽい"数列を発生させることができる方法が考案され，実用に供されてきた．

ここでは，代表的（古典的）擬似乱数発生法として**線型合同法**を紹介する．

$$x_{n+1} \equiv ax_n + b \pmod{m}, \quad n = 0, 1, 2, \cdots \tag{6.2}$$

という漸化式を考える．a, b, m は自然数の定数で，初項 x_0 を与えると，あとは $ax_n + b$ を m で割った余りを x_{n+1} とすることで帰納的に数列 $\{x_n\}$ が得られるというのが (6.2) の意味である．したがって，どんなにうまくやっても最大周期 m で循環してしまう．

例 6.17 (6.2) で $m = 32, a = 5, b = 1$ とし，$x_0 = 2$ で始めると，次のような周期32の数列が得られる．

$$2, 11, 24, 25, 30, 23, 20, 5, 26, 3, 16, 17, 22, 15, 12, 29,$$
$$18, 27, 8, 9, 14, 7, 4, 21, 10, 19, 0, 1, 6, 31, 28, 13.$$

[*9] 細かいことを言うと，もし10人が復元抽出でよいのなら，その学生は2度登場願うことになる．

[*10] 第2次対戦末期に，数学者 von Neumann と物理学者 Ulam がロス・アラモス研究所で核分裂の際の中性子のランダムな拡散現象をコンピュータで模擬実験したことに由来する．原理的には古く，Buffon (1707-1788) が針を落として円周率 π の値を求めた実験にまで遡る．

[*11] von Neumann 自身が「乱数を作るのに算術的方法を用いようとする者は，ある種の罪を犯しているのだ」と述べている．

6.5 標本の抽出

これが $\{0, 1, 2, \cdots, m-1\}$ に値をとる擬似乱数生成法である．読者もぜひ擬似乱数で遊んでみてほしい．数学的な詳細については巻末付録 G で論じる．

問 6.18 例 6.17 で x_1, x_2, x_3 がその値になることを確かめよ．

くじ引きや乱数表を用いた標本抽出の方法を**単純無作為抽出法**というが，母集団が大きいときはこの方法は実行不能に陥り易い．そのため，他に**層別抽出法**とか**多段抽出法**などがよく用いられている．層別抽出法というのは，母集団を予め男女別とか年齢別とかの層に分けておいて，各層から標本を抽出する方法である．たとえば，調査結果が各層によってかなり違うことが予想できるような場合，単純抽出では，たまたま多く入ってしまった層によって推定値が実態からかけ離れる可能性があるからである．多段抽出法は特に標本が大きい場合に有効である．たとえば，平成 28 年度の時点で，東京都八王子市の人口は 56 万人程度であるが，ここから 5000 人の市民を抽出したいとき，各町村の人口に比例した確率に従ってまず町村を抽出し，次に抽出された町村からしかるべき人数を抽出するというものである．これだと 2 段抽出ということになる．

演習問題 6

1 $N(\mu, \sigma^2)$ に従う正規母集団から大きさ 10 の標本を取り出すとき，標本平均はどのような分布に従うか。また，その分布の標準偏差は何か。

2 平均が μ，分散が σ^2 であること以外わからない母集団から大きさ 300 の標本を取り出すとき，標本平均はどのような分布に従うか。また，その分布の標準偏差は何か。

3 平均が μ，分散が σ^2 であること以外わからない母集団から大きさ 5 の標本を取り出すとき，標本平均はどのような分布に従うか。

4♯ 線型合同法 (6.2) において，m が 2^k $(k = 1, 2, \cdots)$ の形のとき，a, b が共に奇数であれば，x_0 の取り方に依らず，生成された数列 $\{x_n\}$ には奇数と偶数が交互に現れることを示せ。

5♯ 線型合同法 (6.2) において，$a = 123456789$, $b = 14321$, $m = 2^{20}$, $x_0 = 3$ に選んだとき，表計算ソフトを使って数列 $\{x_n\}$ の最初の数項を求めよ。

6 X 市は 3 つの町 a, b, c から構成されていて，各町の人口比は順に $5 : 3 : 2$ である。a 町の住民 ω が選ばれる確率は，1 回の無作為単純抽出であろうが，まず a 町が選ばれて次にその中から ω が選ばれる 2 段抽出法であろうが，等しいことを示せ。

第 7 章
統計的推測論

キーワード　点推定，不偏推定値，標本分散と不偏分散の違い，iid，母平均の区間推定（正規分布，t 分布），標準誤差，信頼区間，信頼度（信頼係数），母比率の区間推定，母分散の区間推定

いよいよ第 6.3 節および第 6.4 節で説明した原理を実行に移す段階がきた。第 6 章のキーワードを眺めて，それらの意味の多くがきちんと説明できるかどうか試してみることを勧める。

7.1　点推定

第 6.4 節では，最も重要な母数である μ が存在する範囲を，ある確からしさをもって推定する原理を述べたが，もっと直接に「μ は◯◯である」のように 1 個の値で推定する**点推定**という方法がある。我々の知りたい母数を θ とするとき，得られた n 個の標本値 $x_1, x_2, \cdots, x_n$ の関数として

$$\theta = f(x_1, x_2, \cdots, x_n) \tag{7.1}$$

のように推定する方法を点推定というのである。右辺は「$x_1, x_2, \cdots, x_n$ を使った何らかの式」というほどの意味である。

例 7.1 母平均 μ を 1 個の値で推定せよと言われたら，標本平均値

$$f(x_1, x_2, \cdots, x_n) = \frac{x_1 + x_2 + \cdots + x_n}{n}$$

をもってその推定値とするのが常識的であろうと誰もが思うのではなかろうか（数学的根拠がなくてもそう感じるだろう）．実際，これはある意味で極めて妥当な μ の推定値であることが以下でわかるであろう．

実現値 $x_1, x_2, \cdots, x_n$ に対応する標本変数 $X_1, X_2, \cdots, X_n$ を用いた統計量[*1] $f(X_1, X_2, \cdots, X_n)$ を，点推定に供するときは特に**推定量**と呼ぶ．

$T = f(X_1, X_2, \cdots, X_n)$ と置けば T もまた確率変数であり，標本抽出により得られた実現値を代入した推定値 $f(x_1, x_2, \cdots, x_n)$ は標本ごとにさまざまな値をとって変動する．母集団分布が連続型の場合，どのような関数 f を用いても，その推定値が目的の母数 θ とぴたり一致する確率は 0 である（第 3 章例題 3.7）が，異なるいくつかの視点・立場に基づいて θ の望ましい推定値を与えると考えられる関数 f が知られている．その視点・立場の代表的なものが次に述べる不偏性である．

7.1.1 不偏推定量

標本値 $x_1, x_2, \cdots, x_n$ の変動に応じて $T = f(X_1, X_2, \cdots, X_n)$ がとるさまざまな値は，T の期待値（平均値）$E(T)$ を中心として分布すると考えられる[*2]．それをそのまま定義にして，その期待値 $E(T)$ が目的の母数 θ に等しくなることを要求したものが次の定義 7.2 である．

定義 7.2 母数 θ に対して，確率変数 T が

$$E(T) = \theta$$

を満たすとき，T を θ の**不偏推定量**（unbiased estimator）と呼ぶ．

[*1] 第 6.3 節冒頭および脚注 *5 参照のこと．$f(X_1, X_2, \cdots, X_n)$ は確率変数である．
[*2] 期待値については第 3.5 節や巻末付録 D を確認のこと．

7.1 点推定

> **標本平均の不偏性**
>
> 母平均を μ とする母集団から作られた標本平均 $\overline{X}$ は,μ の不偏推定量である。すなわち
> $$E(\overline{X}) = \mu$$
> が成り立つ。つまり,標本平均 $\overline{X}$ の実現値は μ の周りに分布する。

注意 7.3 同じ"平均"という言葉を使った用語が沢山現れたので混乱している読者もあろう。ここで,$\overline{X}$ と $E(X)$ と $E(\overline{X})$ の相異についてもう一度確認しておくことは無意味ではなかろう。X は母平均 μ をもつ母集団分布に従う確率変数である。$E(X)$ は第 3.5 節に定義した通りの意味の期待値であり,$E(X) = \mu$ である。すなわち X の平均値とは,それが従う分布の平均値に他ならない。一方,標本変数 $X_1, X_2, \cdots, X_n$ はそれぞれが同一の母集団分布に従う,X と同格の確率変数であるから,すべての i に対して $E(X_i) = \mu$ となる。それら $X_1, X_2, \cdots, X_n$ から

$$\overline{X} = \frac{X_1 + X_2 + \cdots + X_n}{n}$$

のように算術平均をとって作った新たな確率変数が $\overline{X}$ であり,$\overline{X}$ も何かの分布に従う。その分布の平均が $E(\overline{X})$ というわけである。その $\overline{X}$ が従う分布についての決定的な情報をもたらすのが第 6.3 節で述べた中心極限定理である。

今度は,母平均 μ と並んで重要な母数である母分散 σ^2 の不偏推定量についても考えてみたくなる。そこで,標本平均 $\overline{X}$ を模して標本分散という概念を導入しよう。

定義 7.4 $X_1, X_2, \cdots, X_n$ を母平均 μ,母分散 σ^2 の母集団分布に従う標本変数とするとき,

$$S^2 = \frac{1}{n} \sum_{k=1}^{n} (X_k - \overline{X})^2$$

を**標本分散**という。

準備は整った。果たして $E(S^2) = \sigma^2$ であろうか。——— 残念ながらそれは成り立たない。その理由については巻末付録 D で丁寧に説明してある。きちんと理解したい読者はそちらをご覧あれ。

不偏分散の定義と意味

母分散が σ^2 であるような母集団から大きさ n の標本をとるとき，標本変数 $X_1, X_2, \cdots, X_n$ が独立ならば，**不偏分散**

$$U^2 = \frac{1}{n-1} \sum_{k=1}^{n} (X_k - \overline{X})^2 \tag{7.2}$$

が σ^2 の不偏推定量である。すなわち，

$$E(U^2) = \sigma^2$$

が成り立つ。標本実現値を (7.2) に代入して計算した U^2 の実現値は σ^2 を中心にばらつくのである。

重大な注意 7.5 上に述べたように，母分散 σ^2 を推定するに際して標本分散 S^2 があまり良い性質をもたないので，初めから $n-1$ で割る U^2 の方を標本分散と定義してしまう本も多い。その場合，n で割る方の標本分散は使われない。また，薬学統計などでは $\sqrt{U^2}$ を SD と表記することもあるようである。

$$SD = \sqrt{U^2} = \sqrt{\frac{1}{n-1} \sum_{k=1}^{n} (X_k - \overline{X})^2}.$$

その場合には U^2 の代わりに SD^2 と書いて標本分散と呼ぶようである。紛らわしいので注意されたい。

注意 7.6 標本分散 S^2 と不偏分散 U^2 の間には

$$S^2 = \frac{1}{n} \sum_{k=1}^{n} (X_k - \overline{X})^2 = \frac{n-1}{n} \cdot \frac{1}{n-1} \sum_{k=1}^{n} (X_k - \overline{X})^2 = \frac{n-1}{n} U^2$$

という関係が成り立つ。

7.1 点推定

ただし，$(n-1)/n \to 1 \, (n \to \infty)$ となるから，n が大きくなるにつれて S^2 と U^2 との差は次第に無視できるほどになってゆく。

ところで，不偏分散という概念が定義され，これが母分散 σ^2 の良い推定量になっていますよと言われても，標本の大きさが n なのになぜ $n-1$ で割ったものを考えるのか，腑に落ちない読者も多いのではないだろうか。巻末付録 D をお読みいただくのが一番よいのだが，ここではなるべく難しい数式に頼らない直観的な説明を試みてみよう。

注意 7.6 より

$$E(S^2) = \frac{n-1}{n} \cdot E(U^2) = \frac{n-1}{n}\sigma^2 < \sigma^2$$

が導かれるが，これは標本値 $x_1, x_2, \cdots, x_n$ の分散（標本分散 S^2 の実現値）

$$s^2 = \frac{1}{n}\sum_{k=1}^{n}(x_k - \overline{x})^2$$

が，（標本を何度も抽出して計算すると）母分散 σ^2 より小さい値を中心に分布することを意味している。実は，標本分散 S^2 の定義を 1 箇所変更して，

$$\tilde{S}^2 = \frac{1}{n}\sum_{k=1}^{n}(X_k - \mu)^2$$

という確率変数を作ると，$E(\tilde{S}^2) = \sigma^2$ になるのである[*3]。

ここで第 1 章演習問題 3 を見てみると，

$$\sum_{k=1}^{n}(x_k - \alpha)^2 \qquad (♮)$$

が最小になるのは $\alpha = \overline{x}$ のときだとわかる。つまり，そもそも S^2 の定義が，各標本値に対して，(♮) の形の偏差 2 乗和が常に最小になるように設定されているのである。というわけで，S^2 が σ^2 より小さい方に偏って分布するのは当然なわけである。

[*3] $\tilde{S}^2$ は母平均 μ がわかっていることを前提としているが，もちろんそんなことは現実には起こらない。

しかし依然として，なぜ $n-1$ で割ったものが σ^2 を中心にばらつくのかはわからない。それを直観的に理解しようと思うと，第 1.5.2 項で論じた自由度の問題に収斂してゆく。$X_1, X_2, \cdots, X_n$ が独立な確率変数だとしても，S^2 の定義に現れる

$$X_1 - \overline{X}, X_2 - \overline{X}, \cdots, X_n - \overline{X} \qquad (\sharp)$$

は独立ではない。なぜなら，これら n 個の量は

$$(X_1 - \overline{X}) + (X_2 - \overline{X}) + \cdots + (X_n - \overline{X}) = 0 \qquad (\sharp\sharp)$$

という関係式に縛られているからである。$\overline{X}$ を母平均 μ で置き換えた n 個の量は独立になるのだが，それは μ が標本とは無関係に存在している母数であり，($\sharp\sharp$) のような関係式が成立しないからである。

($\sharp$) のうち独立なのは $n-1$ 個で，残りの 1 個は関係式 ($\sharp\sharp$) から自動的に決まってしまう。S^2 の分子は $n-1$ 個の項しか自由に動けないのに n で割ってしまったために，母分散より小さい方に偏ってしまった。だから，その自由度 $n-1$ で割った U^2 の方が本来の分散の周りに分布するよう補正される，そんな感じがしてこないだろうか。

【実験 7.7】 1 から 5 までの番号を振った同質な球が 5 個入っている袋から 1 個を取り出すことを考えて，母集団 $\Omega = \{1, 2, 3, 4, 5\}$ を構成する。Ω の各要素には 1/5 の確率が付与されており，これで母集団分布は完全にわかっている[4]。ここから復元抽出で大きさ 3 の標本を 30 回とることにより，

$$E(\overline{X}) = \mu, \quad E(S^2) < \sigma^2$$

を検証せよ。

解説 $\mu = 3, \sigma^2 = 2$ は直ちに計算できる。コンピュータを使って，Ω から $(5,1,3), (3,1,1), (2,2,3), \cdots$ のように大きさ 3 の標本を 30 回無作為復元抽出させ，その標本平均値 $\overline{x}$ と標本分散値 s^2 とを計算してヒストグラムにしたものが次ページの図である。

---

[4] 母集団分布が完全にわかっていれば，その推定を試みている我々としては何もすることはないのであるが，ここではもちろん実験のためにこのような設定をしている。

7.1 点推定

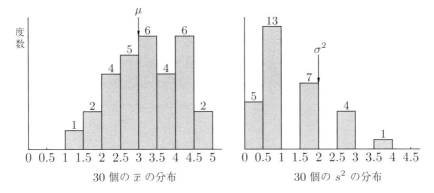

30 個の $\bar{x}$ の分布　　　　30 個の s^2 の分布

　この無作為抽出では，たまたま少し大きい値が多く抽出されたらしく，$\bar{x}$ は全体にやや大きめの傾向があるが，母平均 $\mu = 3$ を中心としてばらついている様子がわかろう．一方，標本分散 s^2 は明らかに母分散 $\sigma^2 = 2$ より小さい範囲に偏って分布している．ひとつだけ $32/9$ という突出して大きい標本分散があるが，これは $(1, 1, 5)$ と抽出されたときのものである．

　百聞は一見に如かずならぬ百見は一考に如かず．見ただけで終わりにしないで，読者もぜひご自分でいろいろ試みられよ．実感が伴うはずである． ▮

　複数の確率変数がすべて同一の母集団分布に従うことを**同分布性**（identically distributed）というが，第 6.2 節や本節での議論で明らかなように，大きさ n の標本をとるとき，標本変数 $X_1, X_2, \cdots, X_n$ が独立かつ同分布であることが今後の議論にとって必須である．この「独立かつ同分布」は英語で independent and identically distributed というので，略して **iid** と呼ぶことにしよう．iid が担保されていなければ，標本は母集団分布を反映しない．したがって，推定は無意味になってしまう．

問 7.8　当たりが 3 本入っている 10 本のくじから，非復元抽出で 2 本のくじを引くものとする．当たりは 1，外れは 0 と数標識化して各回の抽出に対応する標本変数を X_1, X_2 とする．1 回目の抽出の結果によって母集団分布は変化してしまい，X_1 と X_2 は独立にも同分布にもならないことを確かめよ．

> **確率変数の iid の保証について**
>
> n 個の標本変数 $X_1, X_2, \cdots, X_n$ に対し，標本抽出が復元抽出のときは無条件で iid は満たされている。非復元抽出のときでも，標本数に比して母集団が非常に大きいなら近似的に iid であるとみなして構わない。今後の議論では，iid が担保されているような標本抽出のみを想定する。

点推定の立場として他によく用いられるものに，**一致性**，**最尤性**[*5]があるが，それらを詳細に述べることは本書の分を超える。実は，標本平均 $\overline{X}$ および標本分散 S^2 はそれぞれ母平均 μ および母分散 σ^2 の一致推定量である。また，$N(\mu, \sigma^2)$ に従う正規母集団において，$\overline{X}$ および S^2 はやはり μ および σ^2 の最尤推定量でもある。というわけで，標本平均 $\overline{X}$ がほぼあらゆる意味で母平均 μ の良い推定量になっていることがわかる。それに対し，標本分散 S^2 は不偏性をもっていないのであった。

7.2 区間推定

原理の概要は第 6.3 節および第 6.4 節でほとんど説明済みである。もう一度図 6.2 を改めて図 7.1 として再掲しよう。これは弱い中心極限定理の説明図である。

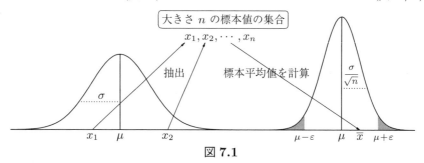

図 **7.1**

[*5] 尤というのは難しい字だが，「尤も」と書いて「もっとも」と読むことからわかるように，「もっともらしい」という意味がある。

7.2 区間推定

一方，下図 7.2 は一般の（強い）中心極限定理の説明図である。ここでは母集団分布が不明であるが，右側の標本平均の分布は近似的に図 7.1 と同じ分布になるのであった。ただし，図 7.1 と違って n が十分大きいという条件がつくことを忘れてはならない。

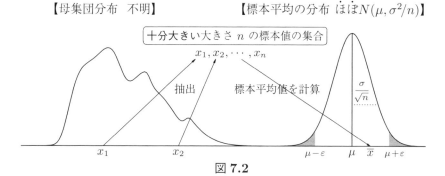

図 7.2

両者に共通しているのは，n を大きくすれば右側の分布の標準偏差 $\sigma/\sqrt{n}$ が次第に小さくなるので，標本の平均値 $\bar{x}$ は母平均 μ の近くに集中してくるということである。母平均推定の根底には，このことが原理として横たわっていることを読者はよく理解しておいて欲しい。

標準誤差

標本平均の分布の標準偏差 $\sigma/\sqrt{n}$ のことを薬学では**標準誤差**と呼び，SE（standard error）と記すことがある。標本サイズ n を大きくすれば標準誤差が小さくなるので，標本平均値 $\bar{x}$ は母平均 μ の近くに高い確率で落ちるようになる。

7.2.1 母平均の区間推定（母分散既知）

我々は，母分散 σ^2 が既知であるという仮定の下で，不明の母平均 μ の存在する範囲を 95% とか 99% の確信度で推定したいのである。

注意 7.9　σ^2 がわかっているのに μ がわからない —— 慧眼の読者は，これが妙な設定であることに直ちに気づかれたに違いない。σ^2 を求めるには μ が必要なのだから[*6]。したがって，以下の説明は区間推定の原理のエッセンスを体得するためのプロトタイプのようなものだと思っていただきたい。

標本平均 $\overline{X}$ の分布 $N(\mu, \sigma^2/n)$ に第 4.1 節で学んだ標準化を施すと，

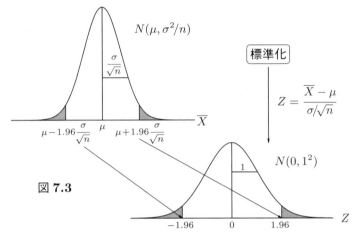

図 **7.3**

のように移るのであった。

問 7.10　(1) $N(\mu, \sigma^2/n)$ に従う変数 $\overline{X}$ を，$N(0, 1^2)$ に従う変数 Z に標準化する変換式が

$$Z = \frac{\overline{X} - \mu}{\sigma/\sqrt{n}}$$

であることを確認せよ。

(2) 図 7.3 の $N(0, 1^2)$ のグラフで，灰色部分の面積の合計が，グラフの囲む面積全体の 5% であることを確認せよ。

(3) (2) で $z = \pm 1.96$ に移される $\overline{x}$ の値が $\mu \pm 1.96 \cdot \sigma/\sqrt{n}$ であることを確認せよ。

[*6] μ がわからないのに σ^2 がわかるというのはあり得ないことではない。たとえば，精密工作機器を使って部品を製造しているメーカーが，納入先からの注文の変更によって部品のサイズの設定のみを変更した場合などがそれに当たる。製造過程で生じる誤差はいわばその機器のもつ癖であり，従って μ は変わっても，誤差のばらつきの指標である σ^2 は従前と変わらないとみてもよいのである。

7.2 区間推定

図 7.3 を数式で表現するなら次のようになる。

Z の実現値 z が図 7.3 の白い部分に現れる確率が 0.95

$\iff |z| \leqq 1.96$ となる確率が 0.95

$\iff \left|\dfrac{\overline{x} - \mu}{\sigma/\sqrt{n}}\right| \leqq 1.96$ となる確率が 0.95

$\iff \overline{x} - 1.96 \cdot \dfrac{\sigma}{\sqrt{n}} \leqq \mu \leqq \overline{x} + 1.96 \cdot \dfrac{\sigma}{\sqrt{n}}$ となる確率が 0.95

こうして μ が 95% の確からしさで存在する範囲が求められた。これを μ の **95% 信頼区間**という。また，この 95% のことを**信頼度**とか**信頼係数**と呼ぶ。多くの場合，信頼度には 95% か 99% のいずれかを用いる。

母平均 μ の信頼区間(σ^2 が既知の場合)

正規母集団とみなせる場合か，母集団分布が不明でも標本数 n が十分大きい場合は，μ の 95% 信頼区間は

$$\overline{x} - 1.96 \cdot \dfrac{\sigma}{\sqrt{n}} \leqq \mu \leqq \overline{x} + 1.96 \cdot \dfrac{\sigma}{\sqrt{n}} \tag{7.3}$$

で与えられる。信頼度を 99% にするには 1.96 を 2.576 に変えればよい。

【例題 7.11】 ある大学で実施された卒業試験の答案 100 枚を無作為抽出したところ，平均点は 65.5 点であった。受験者全体の平均点 μ の 95% 信頼区間を求めよ。試験は毎年ほぼ同程度であり，過去のデータから受験者全体の得点は標準偏差 σ が 15 点くらいの正規分布に従うと仮定してよい。また，μ を誤差 1 点以内で推定するには何枚くらいの答案を抽出しなければならないか。

解答 $\overline{x} = 65.5, \sigma = 15, n = 100$ を (7.3) に適用して

$$65.5 - 1.96 \cdot \dfrac{15}{\sqrt{100}} \leqq \mu \leqq 65.5 + 1.96 \cdot \dfrac{15}{\sqrt{100}}$$

より，95% 信頼区間 $62.56 \leqq \mu \leqq 68.44$ が得られる。

"誤差" とは $|\bar{x} - \mu|$ のことを指している。標本サイズ n を大きくすると $\bar{x}$ と μ の差は縮まっていくが，その結果として $|\bar{x} - \mu| \leqq 1$ すなわち $\bar{x} - 1 \leqq \mu \leqq \bar{x} + 1$ となる確率が 95% であるようにするには n を最低限いくつにしなければならないか，と問うているのである。この式と (7.3) とを比較してみれば，最低限

$$1.96 \times \frac{\sigma}{\sqrt{n}} = 1$$

であればいいことがわかる。$\sigma = 15$ を代入してこれを解けば $n = 864.36$，すなわち最低 865 枚抽出しなければならない。

7.2.2 母平均の区間推定（母分散未知）

前項では母分散 σ^2 が既知だと仮定して区間推定の筋道を学んだのであるが，残念ながら現実にはそのような幸運は多くない。たとえば，治験は新薬に対して行われるものだから過去のデータが全くない。したがって，例題 7.11 のように都合良くはいかない。しかも，一般に実験や臨床試験などでは標本サイズ n があまり大きくとれないケースが多い。本項では，そのような状況下で母平均を区間推定する方法を解説する。

注意 7.12　標本数 n が大きいか小さいかの目安となる境界値は，$n = 30$ に置かれることが多い。また，前項で頻繁に現れた「n が十分大きい」という条件は，できれば $n \geqq 50$ くらいあることが望ましい。

William Sealy Gosset

第 5.2 節で紹介したゴセットは，ビールの品質を統計的に評価する際，従来の大標本に基く数式が役に立たないことに気づき悩んでいた。酒を造っているのは微生物である無数の酵母であり，職人や技術者は温度や時間などの環境条件を調節することで，酵母が行うアルコール発酵というランダム現象を思うような状態になるように制御しているわけである。もちろん完全に制御できるはずは

7.2 区間推定

ないので，ビールの醸造データのようなものは，同一条件下でのデータ数（標本数）がどうしても少なくなってしまう。ゴセットは次のように書いている。

> 極めて多くの回数に渡っては繰り返し得ないような実験がある。このような場合には極めて少数の例—— 小標本—— に基づいて結果の確実性を判断しなければならない。化学実験の若干のものや多くの生物実験はこのような種類のものである。"The Probable Error of a Mean"(Biometrika, 1908)

ゴセットは毎夜台所のテーブルに座ってサイズの小さい標本を取り，その平均と，推定した標準偏差の両方を求めてから前者を後者で割り，その結果を方眼紙にプロットして調べたのであった。

さて，母標準偏差 σ がわからない場合に母平均 μ を区間推定しようとすると，公式 (7.3) は使えない。普通に考えることは，その公式の σ を標本分散 S^2（の実現値 s^2 の正の平方根 s）で置き換えてしまうことであるが，そうすると n が小さいほど誤差が大きくなって使いものにならないことにゴセットは気づいたのである。これが，注意 7.6 以下で述べた事実

$$E(S^2) = \frac{n-1}{n}\sigma^2$$

に他ならない。この式は，n が小さいほど標本分散 S^2 の平均値が σ^2 より小さくなることを主張しているからである。ゴセットは，

$$Z = \frac{\overline{X} - \mu}{\sigma/\sqrt{n}}$$

の代わりに不偏分散 U^2 の正の平方根 U を用いて新たな統計量

$$T = \frac{\overline{X} - \mu}{U/\sqrt{n}}$$

を考えると，それが後に t 分布と呼ばれることになる新しい分布に従うことを発見したのであった。今後，U の実現値は u と書くことにする。

t 分布

母分散 σ^2 が未知の 正規母集団 $N(\mu, \sigma^2)$ から 大きさ n の標本を無作為抽出したとき,統計量

$$T = \frac{\overline{X} - \mu}{U/\sqrt{n}} \tag{7.4}$$

は自由度 $n-1$ の t 分布に従う.実験測定値のように,同一条件下での 標本数 n が少ないときこそ t 分布が使われるべき典型的なケースといえる.

問 7.13 (7.4) において,

$$T = \frac{\overline{X} - \mu}{S/\sqrt{n-1}} \tag{7.5}$$

でもあることを示せ.今後は (7.4) と (7.5) の使い易い方を臨機応変に使えばよい.

【例題 7.14】 無作為に選んだ成人男性 10 人の血液検査において測定された尿酸[*7](単位 mg/dL)の平均値は 6.0,不偏分散は 0.7^2 であった.母平均 μ の 95% 信頼区間を求む.

考え方と解答 このような測定値データは一般的に正規分布すると思ってよい.母分散 σ^2 が不明の正規母集団から大きさ 10 の標本をとったことになるので,T が自由度 $9 (= 10 - 1)$ の t 分布に従うことになる.ここから第 5.2 節で学んだように t 分布表を読んで $t_9(0.05) = 2.262$ を得る.t 分布表では横軸の α が灰色部分の合計面積であるが,**縦軸の n は標本数ではなく自由度**であるから注意して欲しい.

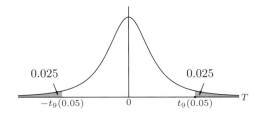

[*7] 尿酸は,細胞が日々新たに作り変えられるときに出る老廃物である.尿酸値の過度な上昇は痛風の原因として知られている.基準値は 7.1mg/dL 未満である.

7.2 区間推定

あとは前項と全く同じ論法で μ の区間推定ができる。

t が図の白い部分に現れる確率が 0.95

$\iff |t| \leq t_9(0.05)$ となる確率が 0.95

$\iff \left|\dfrac{\overline{x} - \mu}{u/\sqrt{n}}\right| \leq t_9(0.05)$ となる確率が 0.95

$\iff \overline{x} - 2.262 \cdot \dfrac{u}{\sqrt{n}} \leq \mu \leq \overline{x} + 2.262 \cdot \dfrac{u}{\sqrt{n}}$ となる確率が 0.95

に必要な実現値を代入して，95% 信頼区間 $5.50 \leq \mu \leq 6.50$ を得る。

母平均 μ の信頼区間（σ^2 が未知の場合）

母分散 σ^2 が未知の母集団から大きさ n の標本をとったとき，母平均 μ の 95% 信頼区間は次式で与えられる。$n-1$ が自由度である。

$$\overline{x} - t_{n-1}(0.05) \times \dfrac{u}{\sqrt{n}} \leq \mu \leq \overline{x} + t_{n-1}(0.05) \times \dfrac{u}{\sqrt{n}}. \tag{7.6}$$

99% 信頼区間にするには 0.05 を 0.01 に変えればよい。

【例題 7.15】[*8]医薬品の添付文書には，標本の大きさ・平均・標準偏差・標準誤差が記載されている。リン酸オセルタミビル[*9]の添付文書は，健康成人男子 28 人が第 1 相試験[*10]でリン酸オセルタミビルのカプセルをそれぞれ 37.5, 75, 150, 300mg 服用したとき，その活性体の血中濃度半減期を，$\overline{x} \pm SD$[*11] の形で次表のように記載している。

薬物量 mg	37.5	75	150	300
半減期 hour	7.0 ± 2.4	6.4 ± 3.7	6.6 ± 1.5	5.1 ± 0.4

この表から，75mg 服用時の半減期を信頼度 95% で区間推定せよ。

[*8] 参考文献 [1], p.49, p.58。

[*9] 抗インフルエンザ薬。いわゆるタミフル。主として A 型に使用される。

[*10] 健康な成人男子ボランティアを対象として実施される，治験薬の安全性や薬物動態を調べるための臨床試験。その後，標本を絞って第 2 相，第 3 相試験が行われる。

[*11] SD とは不偏分散 U^2 の正の平方根 U のことである。添付文書は，これを標本標準偏差と書いている可能性があるので，混乱しないように気をつけて欲しい。注意 7.5 も参照。

解答 母集団は健康な成人男性全体，そして彼ら全員がタミフル75mgカプセルを服用したと仮定したときの血中濃度半減期の分布が母集団分布である．このような母集団分布はまずほとんどが正規分布であり，母分散 σ^2 は不明であるから t 分布を用いて μ を区間推定する．

与えられた表から $\bar{x} = 6.4, u = 3.7$, 自由度は 27 だから，(7.6) より

$$6.4 - 2.052 \times \frac{3.7}{\sqrt{28}} \leq \mu \leq 6.4 + 2.052 \times \frac{3.7}{\sqrt{28}},$$

したがって，95% 信頼区間 $4.965 \leq \mu \leq 7.835$ を得る． ∎

注意 7.16 薬学では (7.6) に現れる $U/\sqrt{n}$ を**標本標準誤差**と呼ぶことがある．

7.2.3 母比率の区間推定

医療薬学分野では，「ある治療法の治癒率を推定したい」「薬の効果があったと判定できる人の割合を推定したい」という類の要求がしばしば生じる．一般に，母集団が属性 A をもつものともたないものに二分され，A をもつものの割合が p であるとき，この母集団を **2 項母集団**，p を**母比率**と呼ぶ．p を区間推定するのがこの節の目的である．

この 2 項母集団から大きさ n の標本を無作為抽出したとき，その中で属性 A をもつものの度数 X は 2 項分布 $B(n, p)$ に従う．n が十分大きいなら，第 4.3 節で学んだド・モワブル-ラプラスの定理により X は近似的に正規分布 $N(np, npq)$ に従うのであった ($q = 1 - p$)．こうして正規分布に直してしまうことがポイントである．標準化すると，

$$Z = \frac{X - np}{\sqrt{npq}} = \frac{\frac{X}{n} - p}{\sqrt{\frac{pq}{n}}}$$

は標準正規分布 $N(0, 1^2)$ に従う．分子に現れた X/n は大きさ n の標本の中で属性 A をもつものの割合を表しているから，**標本比率**に当たる．これ

7.2 区間推定

を $\bar{p}$ と書くことにしよう。(7.3) と全く同様にして p の 95% 信頼区間

$$\bar{p} - 1.96 \times \sqrt{\frac{pq}{n}} \leq p \leq \bar{p} + 1.96 \times \sqrt{\frac{pq}{n}}$$

を得る, と言いたいところだが, この式の両端は我々が知りたい p を含んでいるので無意味な式になっている。実は, この両端の p は近似的に標本比率 $\bar{p}$ で置き換えてよいことがわかる[*12]。

母比率 p の信頼区間

母比率 p をもつ母集団から十分大きいサイズ n の標本をとるとき, 標本比率が $\bar{p}$ ならば, p の 95% 信頼区間は

$$\bar{p} - 1.96 \times \sqrt{\frac{\bar{p}(1-\bar{p})}{n}} \leq p \leq \bar{p} + 1.96 \times \sqrt{\frac{\bar{p}(1-\bar{p})}{n}} \qquad (7.7)$$

で求められる。信頼度を 99% にしたければ, 1.96 を 2.576 に変えればよい。

注意 7.17 「十分大きい n」の目安としては, $n\bar{p} > 5, n(1-\bar{p}) > 5$ という条件がしばしば適用される。$\bar{p}$ が 1/2 から離れているときは, この条件はできるだけ余裕をもって満たされる方が望ましい。

【例題 7.18】 日本の有権者全体を母集団として, 現内閣支持率を調査することになった。信頼度 95% で推定した信頼区間の精度を ±2% 以内に抑えたいとすると, 最低何人に標本調査すればよいか。

解答 現内閣支持率を p とすると, $|p - \bar{p}|$ が調査精度だから, (7.7) より

$$1.96 \times \sqrt{\frac{\bar{p}(1-\bar{p})}{n}} \leq 0.02$$

[*12] $p = \bar{p} \pm 1.96 \times \sqrt{\frac{pq}{n}}$ を p について解けばよい。$q = 1-p$ を代入して完全に p について解けば, より正確な信頼区間が得られるが, それだと非常に複雑な式になるために, 通常はここで述べたような置き換えを用いる。

であればよいことになる。これは

$$n \geq \left(\frac{1.96}{0.02}\right)^2 \cdot \overline{p}(1-\overline{p}) \qquad (\dagger)$$

と同値である。標本比率 $\overline{p}$ はもちろん調査してみればわかるわけだが，我々は標本調査を実施する前に必要な標本数を見積もらなければならない。

$$\overline{p}(1-\overline{p}) = -\overline{p}^2 + \overline{p} = -(\overline{p}-1/2)^2 + 1/4$$

であるから，この項は $\overline{p}$ が何であっても最大で $1/4$ にしかならない。これを ($\dagger$) に代入して計算すれば $n \geq 2401$ を得る。マスメディアが世論調査を 3,000 人程度の標本数で実施できる根拠がここにある。

7.2.4 母分散の区間推定

第 5.1 節の定義で述べたように，分散に関係するのは χ^2 分布である。母分散の推定には次の事実が基本である。

> **母分散推定に現れる χ^2 分布**
>
> $X_1, X_2, \cdots, X_n$ を $N(\mu, \sigma^2)$ に従う n 個の標本変数，$\overline{X}$ を標本平均とするとき，
>
> $$\frac{1}{\sigma^2} \sum_{k=1}^{n} (X_k - \overline{X})^2 = \frac{nS^2}{\sigma^2} \qquad (7.8)$$
>
> が自由度 $n-1$ の χ^2 分布に従う。S^2 は標本分散である。

問 7.19 (7.8) の等式を確かめよ。また，この右辺が $(n-1)U^2/\sigma^2$ とも書けることを示せ。U^2 は不偏分散である。

注意 7.20 第 5.1 節で述べた χ^2 分布の定義と比べて，自由度が 1 減って $n-1$ になっている理由は，第 7.1 節の (♯), (♯♯) 辺りで説明したことから感覚的にわかるであろう。

7.2 区間推定

χ^2 分布表の見方を復習しつつ,母分散 σ^2 の 95% 信頼区間について考えてみよう。95% というのは下図 7.4 の白い部分の面積が 0.95 ということである。残った面積を α とおくと,$\alpha = 0.05$ であり,それが両端に半分ずつ割り振られていると考える。

巻末の χ^2 分布表には縦軸には自由度 n が,横軸にはある点から先のグラフが囲む部分の面積(単に上側面積ともいう)α がとられている。交差点に書かれている数値がその「ある点」の値であり,記号で $\chi^2(n;\alpha)$ と書かれる。

たとえば,標本数が n なら自由度は $n-1$ だから,図 7.4 の右側の灰色部分を与える点は $\chi^2(n-1;0.025)$ となる。注意しなければならないのは左側の灰色部分を与える点である。灰色部分の面積は 0.025 であるが,χ^2 分布表には上側面積が掲載されるという原則に則って,$\chi^2(n-1;0.975)$ としなければならない。

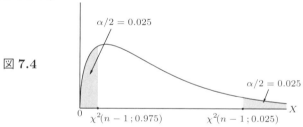

図 7.4

仮に標本数が 25 だとすると,$\chi^2(24;0.975)$ および $\chi^2(24;0.025)$ の値は次のように読み取ることになる。

	$\cdots$	0.975	$\cdots$
$\vdots$		$\vdots$	
24	$\cdots$	12.40	$\cdots$

$\chi^2(24;0.975) = 12.40$

	$\cdots$	0.025	$\cdots$
$\vdots$		$\vdots$	
24	$\cdots$	39.36	$\cdots$

$\chi^2(24;0.025) = 39.36$

以上の具体的な話を念頭に置きつつ，一般公式を作ってしまおう．標本数を n, χ^2 分布の両端の灰色部分の面積合計を α とする．したがって，信頼度は $100(1-\alpha)\%$ である．左側の灰色部分を与える点は $\chi^2(n-1;1-\alpha/2)$, 右側のそれは $\chi^2(n-1;\alpha/2)$ となる．(7.8) より

$$\chi^2(n-1;1-\alpha/2) \leq \frac{nS^2}{\sigma^2} \leq \chi^2(n-1;\alpha/2)$$

となる確率が $1-\alpha$ であるから，上式の逆数をとって

$$\frac{nS^2}{\chi^2(n-1;\alpha/2)} \leq \sigma^2 \leq \frac{nS^2}{\chi^2(n-1;1-\alpha/2)}$$

となる確率が $1-\alpha$ である．

母分散 σ^2 の信頼区間

正規母集団から大きさ n の標本を抽出したときの標本分散 S^2 の実現値を s^2 とするとき，母分散 σ^2 の $100(1-\alpha)\%$ 信頼区間は

$$\frac{ns^2}{\chi^2(n-1;\alpha/2)} \leq \sigma^2 \leq \frac{ns^2}{\chi^2(n-1;1-\alpha/2)} \tag{7.9}$$

で与えられる．

【例題 7.21】無作為抽出された 30 代日本人男性 20 人の総コレステロール値（単位 mg/dL）の不偏分散は $(30.0\text{mg/dL})^2$ であった．30 代日本人男性全体の総コレステロール値の分散 σ^2 の 99% 信頼区間を求めよ．

解答 $\alpha = 0.01$ で自由度は 19 である．注意 7.6 に述べたように，

$$ns^2 = (n-1)u^2 = 19 \times 30^2 = 17100$$

という関係があったことに注意しよう．$\chi^2(19;0.005) = 38.58$, $\chi^2(19;0.995) = 6.844$ であるから，(7.9) より

$$443.23 (= 21.05^2) \leq \sigma^2 \leq 2498.54 (= 49.99^2)$$

が得られる．標本数がこの程度だと，母分散の信頼区間は一般にかなり広いものになってしまう．

演習問題 7

1 母分散が既知の正規母集団の母平均 μ を標本から区間推定したのだが，推定の精度を 1 桁上げたいと思うようになった。そのためには標本数をどのくらい増やせばよいか。推定の精度とは信頼区間の幅のことである。

2 母集団から無作為に取り出した標本のばらつきに関する次の記述のうち，正しいものをすべて挙げよ[*13]。

a. 標準誤差とは個々の標本のばらつきの程度を表す。

b. 標準偏差とは標本平均値のばらつきの程度を表す。

c. 母集団分布がどのような分布であっても，抽出する標本数を大きくすればするほど，標本平均の分布は正規分布に近づく。

3 血圧が高めの成人 25 人を無作為抽出し，ポリフェノール 30mg を含むチョコレート 6g を 18 週間毎日摂取させる臨床試験が行われた。18 週間後，収縮期血圧は平均 3mmHg[*14]減少し，減少量の標準偏差[*15]は 1.5mmHg であった。このとき，収縮期血圧減少量の母平均 μ の 95% 信頼区間を求めよ[*16]。

4 睡眠時間を 4 時間も増やすと謳っている不眠症治療薬を，無作為に選んだ患者 50 人に用いて睡眠増加時間を調べたところ，平均 3.6 時間，標本分散 $(1.0 時間)^2$ であった。母平均 μ の 95% 信頼区間を求めて，この宣伝文句の当否を検証せよ。

5 ゲフィチニブ[*17]の添付文書には，副作用の発現率は 5.8%（3322 例中 193 例）と記載されている。発現率の 95% 信頼区間を求めよ[*18]。

[*13] 第 81 回薬剤師国家試験問題より。なるべく手を加えずに原文のまま掲載したかったが，c. の文章が読むに耐えないほどひどかったので修正を施してある。

[*14] Hg は水銀。水銀柱を 3mm だけ押し上げる圧力のこと。血圧の単位に使われる。

[*15] この標準偏差は，不偏分散 u^2 の正の平方根 u のことである。

[*16] 参考文献 [1], p.65。

[*17] 抗悪性腫瘍剤イレッサ。2002 年 7 月に承認されたが，発売後まもなく間質性肺炎という死亡率の高い副作用が報告された。

[*18] 参考文献 [1], p.60。

6 ある地域の健康診断のデータでは，健常者男子 1 万人の総コレステロール値（単位 mg/dL）は，平均 $\mu = 170$，標準偏差 $\sigma = 25$ の正規分布を示していた。これを母集団として 25 人を無作為抽出する。このとき，標本平均の確率分布についての記述で正しいものを 1 つ選べ[*19]。

1 平均が 160〜180 にある確率は 95.4% である。
2 平均が 160〜180 にある確率は 50% である。
3 平均が 165〜175 にある確率は 95.4% である。
4 平均が 145〜195 にある確率は 95.4% である。
5 平均が 165〜175 にある確率は 50% である。

7 ある疾患に罹ったマウス 130 匹に特定の治療を施し，1 ヶ月後の生存状況を調べたところ，90 匹が生存，40 匹が死亡した。母集団生存率を 95% の信頼度で区間推定せよ。また，母集団は何か，正確に述べよ。

8 大きさ 300 の標本から，$\bar{x} = 30$, $s = 7$ を得た。どのくらいの確信度で $\bar{x}$ と母平均 μ との誤差が 1 以上はない，と言えるか。

9 ある疾患で治療中の患者 15 人に，承認されて間もない新薬を投与して経過観察し，正の値だと改善していることを示す検査値の平均 $\bar{x} = 1.1$，不偏分散 $u^2 = 1.6^2$ を得た。新薬はこの疾患の症状改善に効果があったといえるか。効果があったと判断する基準は，母平均 μ の 95% 信頼区間の下限が正であることとする。信頼度を 99% に上げたらどうなるか。

10 ある食品 100g 当たりのリン含有量（単位 mg）を 4 回分析したところ，121, 133, 118, 112 というデータを得た。リン含有量 μ の 95% 信頼区間およびその分散 σ^2 の 95% 信頼区間を求めよ。

[*19] 参考文献 [1], p.53。

第 8 章

統計的仮説検定

キーワード 仮説検定，帰無仮説，対立仮説，有意水準（危険率），棄却域，各種母数（平均，分散，比率，それらの差，独立性）の両側・片側検定，第 1 種（2 種）の誤り

8.1 仮説検定の考え方

半分が当たりであると派手に宣伝しているくじを 10 回引いて 1 回しか当たらなかったとしよう。そのようなことが起こる確率は

$$_{10}C_1 \left(\frac{1}{2}\right)^1 \left(\frac{1}{2}\right)^9 = 0.0098 < 0.01$$

である。100 回に 1 回も起こらないことが今，目の前で起きてしまった。このような事態に直面した人間がとる態度は，自分はよっぽどついてないと嘆いて諦めるか，このくじは絶対におかしいと憤慨するかのいずれかであろう。

本章で学ぶ仮説検定は，感情や勘などを排して確率論的に事の当否を判断する理論的枠組である。上の例を使ってその概略を説明しよう。

上の例では，きちんと確率を計算して判断しているので，ただ単に当てずっぽうな感覚や勘だけで嘆いたり憤慨したりするよりはずっと優れているのであるが，仮説検定はさらに厳格な理論的枠組を設ける。

1. 仮説（仮定）を立てる

検証したい主張「半分が当たりくじである」を仮説に立てる。

2. 仮説に基づいて母集団分布が決まる

仮説によって，当たりくじを引く確率 $p = 1/2$ であり，くじの全体は p を母比率とする 2 項母集団ということになる。そのくじを 10 回引いたとき[*1]，当たる回数 X は 2 項分布 $B(10, 1/2)$ に従うのであった。

3. 棄却域を決める

当たる回数 X の確率分布表とヒストグラムは以下のようになる。

X	確率
0	0.00098
1	0.00977
2	0.04395
3	0.11719
4	0.20508
5	0.24609
6	0.20508
7	0.11719
8	0.04395
9	0.00977
10	0.00098

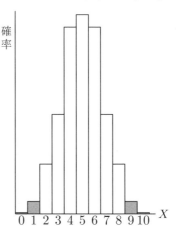

$X \leq 1$ および $X \geq 9$ となる確率はたいへん低いことが明らかである。X がこの両端の値に落ちる確率は合計でも 0.0215 である。そこで，灰色部分の $X = 0, 1, 9, 10$ を棄却域と呼ぶことにする。非常に稀にしか起こらない事象なので，ここに落ちたら仮説を棄てる領域というほどの意味である。

4. 仮説を棄却または採択する

仮説検定では，いったん棄却域と決めた領域に入る現象が起きたとき，「珍しいことが起きた」とやり過ごすことはしない。そんな珍しい現象がたった 1 回の調査なり観測で起きたというのは，単なる誤差や偶然を超えた本質的

[*1] iid は満たされているものとする。

8.2 仮説検定の流れ——母平均の検定

な原因や理由があるからだと考えるのである。そして，その原因とは今の場合，当たりくじは半分もないだろうということである。つまり最初の仮説を否定するわけである。これを統計学では仮説を**棄却する**という。逆に，棄却域に入らない場合は仮説を採択するという（注意 8.7 参照）。

注意 8.1 我々は目の前で起きた現象を，確率現象として確率分布の中で考えるのであるが，$\boxed{2}$の確率分布は$\boxed{1}$の仮説があって初めて決まるものだということをしっかり認識して欲しい。$\boxed{3}$$\boxed{4}$の議論の一切はこの分布の下でなされる。

注意 8.2 $\boxed{3}$では約 2% の割合でしか起こらない現象を稀な現象と呼んだが，

Fischer

実は「稀な現象」を定義する基準はないのである。2% 程度では稀というほどではないと感じる方があってもおかしくはない。だから仮説検定においては，どのくらいの確率以下なら稀と考えるか，予め「決めておく」のである。通常は 1% もしくは 5% に設定する。これはフィッシャーが用いたからという説があるが，本当のところはよくわからない。参考文献 [8] 第 1.5 節に，フィッシャーとその弟子ネイマンとのいわゆるフィッシャー-ネイマン論争が詳しく書かれていて面白い[*2]。

注意 8.3 背理法という証明法をよく理解している読者なら，仮説検定のロジックが背理法のそれによく似ていることに気づかれたであろう。

8.2 仮説検定の流れ——母平均の検定

基本的な考え方がわかったところで，母平均の検定を例にして，改めて仮説検定の理論の詳細を解説する。**仮説検定**とは，母集団について立てた仮説を，現実に得られた標本に基づいて検証することである。

[*2] Ronald Aylmer Fischer（1890-1962）。推測統計学の確立者と目されるイギリスの統計学者・遺伝学者。母集団と標本をはっきり区別し，その間の関係を数学的に把握することがフィッシャーの研究の核心であった。

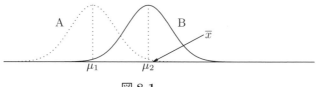

図 **8.1**

　ある母集団から取った n 個の標本の平均値が $\bar{x}$ だったとしよう。その母集団が正規分布 $N(\mu_1, \sigma^2)$ に従っていると仮説を立てたとすると，標本平均の分布は上図 8.1 A の正規分布 $N(\mu_1, \sigma^2/n)$ に従うはずである（第 4.3 節，弱い中心極限定理）。すると，母集団分布が本当に我々の思っている通りなら，$\bar{x}$ というのは滅多に現れない数値だということになってしまう。

　このようなとき，仮説検定では「母平均は μ_1 ではないはず（たとえばもっと大きい μ_2）だ」と考えるのである。そう思えば，標本平均の分布は図 8.1 B のようになり，$\bar{x}$ という標本平均値が得られたのは"普通のこと"になるからである。つまり，我々が立てた仮説を見直したわけである。

　我々が母集団に関して立てる仮説を **帰無仮説** (null hypothesis) といって，記号 H_0 で表す。帰無仮説は，母比率 $p = 1/3$ とか母平均 $\mu = 10$ とか母分散 $\sigma^2 = 0.5$ のように <u>必ず＝を使った式で立てる</u>。或いは「母集団分布が正規分布に従っているとみなせる」のように，<u>ぴったり何々になる</u> というように立てる。なぜなら，そうしなければ議論の土台になる分布がひとつに決まらず，分布がひとつに決まらなければ，得られた標本値が珍しいのかありふれているのか判断できないからである。

　【例題 8.4】 ある工場では長さ 20.0cm のシャフトを標準偏差 0.6cm の管理基準で生産している。ある日の製品の中から抽出した標本 30 本の長さを測ったところ，その平均値が 20.2cm であった。この程度の誤差は品質管理上問題なしと言えるだろうか。有意水準 5% で検定せよ。

　解答　母集団は，毎日生産しているシャフトの全体。無限母集団だが，従業員は $\mu = 20.0$，$\sigma = 0.6$ と信じて生産している。ところが，この日の抜き取り検査の結果で少し不安になったわけだ。「機械の経年劣化で設定値通りに削れなくなってきているのかもしれないぞ。」

8.2 仮説検定の流れ——母平均の検定

そこで，帰無仮説 $H_0 : \mu = 20.0$ を立てる。従業員にとってはこうあって欲しいけど，心の底では疑念が払拭できないわけである。**対立仮説**とは，帰無仮説を否定するもの，すなわち $H_1 : \mu \neq 20.0$ のことである。従業員は「H_1 かもしれないぞ」と疑っているのである。

$\mu = 20.0$ と仮定したので，母集団分布は $N(20.0, 0.6^2)$ と決まり，標本平均の分布も $N(20.0, 0.6^2/30)$ と決まる。従業員が得た $\bar{x} = 20.2$ は後者の分布の中にいる。

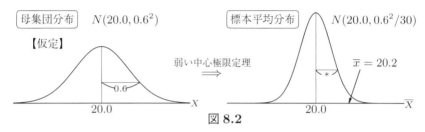

図 8.2

問 8.5 図 8.2 の標本平均分布の中の * に当てはまる数値を答えよ。

注意 8.2 で述べたように，この $\bar{x}$ が稀な値なのかどうかを測る基準を予め設定し，**有意水準**あるいは**危険率**と呼ぶことにする。「有意水準 5% で検定せよ」とは，5% 以下の確率でしか生じない数値であるかどうか判定せよと言っているのである。$\bar{x}$ を標準化した

$$z = \frac{\bar{x} - \mu}{\sigma/\sqrt{n}} = \frac{20.2 - 20.0}{0.6/\sqrt{30}} = 1.826$$

は標準正規分布 $N(0, 1^2)$ に従う。状況は下図のようになる。

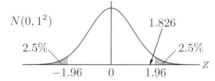

μ は 20.0 より大きくても小さくても困るので，有意水準 5% を両側で 2.5% ずつに分け，上で計算した z がこの灰色の範囲に落ちたら「起こり難いことが起きた」と判断するのである。これを有意水準 5% の**両側検定**と呼び，灰色の領域を**棄却域**という。今の場合，標本値 $z = 1.826$ は棄却域に落ちないので，この有意水準の下では珍しいことではない，誤差の範囲であ

る，すなわち品質管理上問題なしと判断されるわけである。このことを統計学では，H_0 **は棄却されない**と表現する。

注意 8.6 もし有意水準を 10% にするなら右側棄却域は $z \geq 1.6449$ に変わるので，我々の標本平均値 1.826 は棄却域に落ちる。このように，**有意水準の設定の仕方によって検定の結論は変わる**ことをよく理解しなければならない。

注意 8.7 棄却されるとかされないという議論は確率論的になされるので，棄却されないときは「H_0 が正しい」と積極的に支持しているのではなく，「H_0 が誤りであるという強い証拠はない」というほどの意味である。したがって，本書ではよくある「H_0 を採択する」という表現は避けて，あくまで否定形の「棄却されない」を採用する。帰無仮説というのは，棄却されないときには積極的には何も言っていないのと同じで，無に帰してしまうところから名づけられた。このことについては，例題 8.12 以下でもう一度詳述する。

【例題 8.8】 今度は，このシャフトのあるユーザーが，少々長い分には差し支えないが，短いと具合が悪いと申し入れてきたとしよう。そして，ある日の 30 本の標本平均が $\bar{x} = 19.8$cm だったとすると，これは品質管理上問題なしと言い切れるか。有意水準 5% で検定せよ。

解答 帰無仮説 H_0 は例題 8.4 と同じであるが，今度は短いときだけが問題なので，対立仮説が $H_1 : \mu < 20.0$ に変わる。従って，**棄却域は下図のように左側だけに必要で**，その領域だけで 5% の確率と考える。

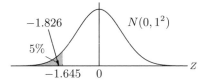

このように，棄却域が片側だけに設けられた検定を**片側検定**と呼ぶ[*3]。今度は，

$$z = \frac{\bar{x} - \mu}{\sigma/\sqrt{n}} = \frac{19.8 - 20.0}{0.6/\sqrt{30}} = -1.826$$

は見事に棄却域に落ちるので**帰無仮説は棄却され**，品質に問題あり（このま

[*3] 棄却域が左側だけにあるとき**左片側検定**，右側だけにあるなら**右片側検定**ともいう。

8.2 仮説検定の流れ——母平均の検定

まではユーザーに納入できない）と判断される。

> **対立仮説 H_1 の取り方**
>
> 対立仮説 H_1 を機械的に H_0 の否定（= を $\neq$ と書き換えるだけ）としてはいけない。H_1 を決めれば自動的に両側検定にすべきか片側検定にすべきかが決まる。また，両側検定か片側検定かで有意水準の意味が変わってくるので注意が必要である。

以上の例では母標準偏差 σ がわかっていた。繰り返すが，医療・薬学においては σ が予めわかっていることなどほとんどなく，標本の大きさ n は小さいのが普通である。その場合は正規分布ではなく t 分布を使わなければならない。この検定を **t 検定**という。

【例題 8.9】[*4] ある大口の需要者が乾電池を購入しようとしている。納入するメーカーは，乾電池の平均寿命は 1200 時間であると言っているが，10 個のサンプルを無作為抽出して耐久テストをしたところ，平均寿命は 1130 時間で，標本から計算した不偏分散 $U^2 = (120 \text{時間})^2$ であった。この納品を受け入れるべきかどうか有意水準 5% で検定せよ。

解答 帰無仮説 $H_0 : \mu = 1200$ であるが，需要者としては平均寿命が長い分には一向に構わないので，納入を受け入れるかどうかは μ が 1200 より小さいかどうかにかかっている。従って，対立仮説 $H_1 : \mu < 1200$ の左片側検定をすることになる。実現値

$$t = \frac{\overline{x} - \mu}{u/\sqrt{n}} = \frac{1130 - 1200}{120/\sqrt{10}} = -1.845$$

が自由度 9（$= 10 - 1$）の t 分布に従うのであった。

図 8.3

[*4] 参考文献 [10], p.122。

t 分布表から $t_9(0.10) = 1.833$ を調べて図 8.3 のような位置関係がわかり，t は棄却域に落ちているから H_0 は棄却される．すなわち，平均寿命は 1200 時間より短いと判断せざるを得ない．ユーザーとしては「残念ながら購入できません」と伝えた方が良さそうである．

注意 8.10 t 検定は母集団が正規分布もしくは正規分布とみなせるときにしか使えないことを確認しておく．

仮説検定は確率に基づいた判断なので，次の 2 種類の誤りを犯す危険性が常につきまとっている．

- 帰無仮説 H_0 が正しいのに，これを棄却してしまう**第 1 種の誤り**．
- 帰無仮説 H_0 が誤りなのに，これを棄却しない**第 2 種の誤り**．

第 1 種の誤りというのは，下図 8.4 のように棄却域（灰色部分）を定めたとき，たまたま本当に稀な値 z_1 が得られただけなのに，H_0 を棄却してしまう誤りのことである．これを犯す確率が有意水準に他ならない[*5]．したがって，有意水準を小さく取り直して棄却域を狭めることで第 1 種の誤りを犯す確率を低くすることができる．

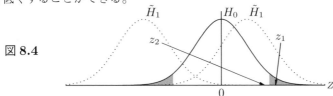

図 8.4

第 2 種の誤りというのは，たまたま棄却域に引っ掛からない値 z_2 が得られただけなのに，H_0 を棄却しない誤りのことである．この場合は H_0 が誤りなのだから，対立仮説 H_1 の中に本当に真の仮説 $\tilde{H}_1$ があるのだが，そのあり方によって第 2 種の誤りを犯す確率は変わってくる．しかし，$\tilde{H}_1$ がどうであれ，この 2 種類の誤りを犯す確率は，一方を低くすれば他方は高くなるというせめぎ合いの関係にある．したがって，両方同時に望むだけ低くすることはできない相談なのである．

[*5] 有意水準のことを危険率ともいうのは，第 1 種の誤りを犯す危険がある確率のことだからである．

8.2 仮説検定の流れ——母平均の検定

このことに関連して，帰無仮説についての例をふたつやっておこう。

例 8.11 臨床試験では，実薬と**プラセボ**（偽薬），または新薬と既存薬を被験者に投与して薬剤の効果を調べることが広く行われている。プラセボは外見上，実薬とまったく区別がつかないように作られる。また，あらゆる予断を排除するために，試験中はどちらの薬を服用しているのか，医師にも被験者にもわからないようにする。これを **2 重盲検法**と呼ぶ。

たとえば，症状の改善を表す指標値に関して，新薬服用の母集団の平均値を μ，既存薬のそれを μ_0 とするとき，帰無仮説は $H_0 : \mu = \mu_0$ と立てる。つまり，新薬の効果は既存薬のそれと変わらないという仮定である[*6]。しかし，製薬会社は $\mu > \mu_0$ となることこそ期待しているのであるから，**帰無仮説は棄却されて欲しいのである。**

【例題 8.12】 食用鯉の生産地 I[*7]では，養殖している鯉の体長は正規分布に従い，50cm 以上の割合が 5%，55cm 以上が 1% であることがわかっているものとする。目の前にいる出自のわからない体長 60cm の鯉が I のものかどうか検定せよ。次に，都内で偶然見つけた鯉料理屋にいた体長 45cm の鯉が I 産かどうか検定せよ。

解答 H_0：「この鯉は I 産である」を立てて右片側検定してみる。体長 60cm の鯉に対しては，H_0 は有意水準 1% で棄却される。「この鯉は I 産ではない」と主張しても，誤る危険性は 1% しかないのである。

一方，体長 45cm の鯉については，H_0 は有意水準 5% でも棄却できない。では，このとき「この鯉は I 産である」と言えるだろうか。食用鯉の産地はなにも I に限ったものではないから，そんなことが言えるわけがない。言えることは「この鯉が I 産ではないとはいえない」ということだけであるが，これでは何も言っていないのと同じである。つまり，I 産のものかどうかは直接店主に聞かなければわからないことであって，統計学で判断することで

[*6] 学生諸君を見ていると，製薬会社の願望である $\mu > \mu_0$ や，その反対の $\mu < \mu_0$ を帰無仮説として立ててしまうケースが目につくように思う。これでは，仮定に基づくロジックの土台となる確率分布が決まらなくなってしまう。

[*7] 筆者の妻の母親の故郷である長野県飯田市では，鯉料理が盛んである。

はない。

帰無仮説は棄却されたときだけはっきりした主張をもち，棄却されないときは何も言っていないのと同じ，つまり無に帰する。このように，帰無仮説はいわば**棄却されることを前提として立てられる**仮説なのである。したがって，帰無仮説が棄却されやすいように棄却域を設定すべきなのである。

例題 8.12 で第 2 種の誤りは何かを考えてみよう。料理屋にいた鯉が実は別の産地 K のものだとすると，帰無仮説は誤りなのに棄却できなかったわけで，我々はまさに第 2 種の誤りを犯したことになる。しかし，棄却できなかったところで，「I 産ではないとはっきり言えない」という結論にたいして傷がつかないではないか。というわけで，仮説検定では第 1 種の誤りの方を先に考え，その下で第 2 種の確率を低くするような設定をするのである。

8.3 母分散の検定

第 7.2.4 項 (7.8) を用いて検定する。

【例題 8.13】 パン工房で見習いとして修行している A さんが，イースト菌を加えて発酵させたパン生地を 1 個分 100g ずつ 6 回ちぎったところ，

$$104, 95, 102, 105, 103, 97 \quad (g)$$

であった。店主のマイスターがちぎると，分散 $(2g)^2$ で抑えられるという。A さんの技量はマイスター並みだといえるか有意水準 5% で検定せよ。

解答 A さんが 100g のつもりでちぎったパン生地すべてを母集団とする。そのグラム数は正規分布をするとみてよく，そこから大きさ 6 の標本を抽出したわけである。母分散を σ^2 とし，帰無仮説 $H_0 : \sigma^2 = 2^2$ を設定する。対立仮説は $H_1 : \sigma^2 > 2^2$ であり，右片側検定をする。なぜなら，σ^2 は 2^2 より大きい可能性が極めて高い上，$\sigma^2 < 2^2$ と $\sigma^2 > 2^2$ とはまったく意味するところが違うからである。

(7.8) より，nS^2/σ^2 は自由度 5 $(= 6-1)$ の χ^2 分布に従い，有意水準 5% で右片側検定するときの棄却域は図 8.5 のようになる。

図 8.5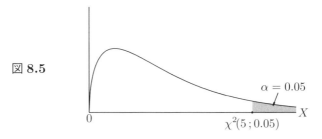

$\chi^2(5\,;0.05) = 11.070$, $S^2 = 13.667$, $n = 6$, $\sigma^2 = 2^2$ を代入すると，

$$\frac{nS^2}{\sigma^2} = 20.50 > \chi^2(5\,;0.05)$$

となって H_0 は棄却される。A さんはまだまだ修行しなければならない。

8.4 等分散検定

正規分布する精密部品のサイズを考えてみると，分散は同じだが平均値が異なるふたつの分布は，製造工程で設定値を変えればほぼ同じ分布になる可能性があるのに対し，平均値が近くても分散が大きく異なるふたつの分布には本質的な違いが存在する可能性が示唆される。そのため，統計学では分散を母集団のもつ情報量と考えることがある。このような理由から，ふたつの母集団の母分散が等しいかどうかを調べることには意義がある。ふたつの母集団の分散が等しいかどうかを仮説検定することを**等分散検定**と呼ぶ。ここでは，第 5.3 節で学んだ F 分布が初めて使われる。

$N(\mu_1, \sigma_1^2)$ に従う母集団から n_1 個の標本を取り出したときの標本分散を S_1^2，$N(\mu_2, \sigma_2^2)$ に従う母集団から n_2 個の標本を取り出したときの標本分散を S_2^2 とするとき，(7.8) より $n_1 S_1^2 / \sigma_1^2$ は自由度 $n_1 - 1$ の，$n_2 S_2^2 / \sigma_2^2$ は自由度 $n_2 - 1$ の χ^2 分布にそれぞれ従うから，これを第 5.3 節の F 分布の定義に適用して，

$$F = \frac{\dfrac{n_1 S_1^2}{(n_1-1)\sigma_1^2}}{\dfrac{n_2 S_2^2}{(n_2-1)\sigma_2^2}} = \frac{U_1^2/\sigma_1^2}{U_2^2/\sigma_2^2} \qquad (U_1^2, U_2^2 \text{ はそれぞれの不偏分散})$$

が自由度 (n_1-1, n_2-1) の F 分布に従うことがわかる。

問 8.14 注意 7.6 の関係を用いて，前ページ下の等式が成り立つことを確かめよ。

等分散検定と F 分布

$N(\mu_1, \sigma_1^2)$ に従う正規母集団から n_1 個，$N(\mu_2, \sigma_2^2)$ に従う正規母集団から n_2 個の標本をそれぞれ無作為抽出するとき，帰無仮説

$$H_0 : \sigma_1^2 = \sigma_2^2$$

の下では，それぞれの不偏分散 U_1^2, U_2^2 を用いた統計量

$$F = U_1^2/U_2^2 \tag{8.1}$$

が自由度 (n_1-1, n_2-1) の F 分布に従う。

【例題 8.15】 ふたつの正規母集団からそれぞれ大きさ 10 と 20 の標本を取り，標本分散 $S_1^2 = 15^2, S_2^2 = 20^2$ を得た。等分散仮説 $H_0 : \sigma_1^2 = \sigma_2^2$ を有意水準 5% で検定せよ。

解答 対立仮説は $H_1 : \sigma_1^2 \neq \sigma_2^2$ である。注意 7.6 より

$$U^2 = \frac{n}{n-1}S^2 \quad (n \text{ は標本数})$$

が成り立つので，(8.1) の実現値は

$$F = \frac{10}{9}15^2 \bigg/ \frac{20}{19}20^2 = 0.5938$$

となる。これが自由度 $(9, 19)$ の F 分布の中にある。両側検定するので有意水準 5% を両側に振り分けて，次図 8.6 のような状況となる。

問 8.16 F 分布表から，$F(9, 19; 0.025) = 2.880$ および $F(9, 19; 0.975) = 1/F(19, 9; 0.025) = 0.2712$ であることを確かめよ。後者については，まず注意 5.5 の (5.3) 式を使う。ところが $F(19, 9; 0.025)$ の値が表にないので，横軸 m の値には線型補間（表にない区間を直線で近似すること）を適用する。

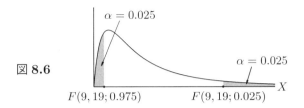

図 8.6

計算した F 値はどちらの棄却域にも落ちないので，帰無仮説は棄却されない，つまりふたつの分散に有意差はないとみてよい（等しいと断言してはいけない）。

8.5 母平均の差の検定

例 8.11 でも触れたように，医療薬学分野では，ふたつの母集団の平均値に有意差があるかどうかが問題になることが多い。次のような例を題材に考えてみよう。

例 8.17 降圧剤の効果を調べるために，薬を服用した 20 人の収縮期血圧を測定して標本平均 134mmHg，不偏分散 $(5\text{mmHg})^2$ を得た。一方，プラセボを服用した 10 人のそれは標本平均 138mmHg，不偏分散 $(6\text{mmHg})^2$ であった。この降圧剤は血圧を下げる効果があるといえるだろうか。これは後で例題 8.20 として扱う。

一般に臨床試験などで，問題にしている治療なり薬剤投与を受けたグループを**処理群**または**実験群**（experiment group），受けない方のグループを**対照群**とか**コントロール群**（control group）と呼ぶ。

8.5.1 母分散が既知の場合

今まで正式には述べてこなかったが，正規分布には再生性と呼ばれる次の性質がある。本書第 4.3 節以降で，弱い中心極限定理と（いささか大袈裟に）呼んできたものは，実はこの事実から直ちに導かれる系であった。

> **正規分布の再生性**
>
> $i = 1, 2, \cdots, n$ に対し,X_i が正規分布 $N(\mu_i, \sigma_i^2)$ に従う互いに独立な確率変数とする。このとき,a_i を定数として X_i の 1 次結合である確率変数 $Y = \sum_{i=1}^{n} a_i X_i$ は,正規分布
> $$N\left(\sum_{i=1}^{n} a_i \mu_i, \sum_{i=1}^{n} a_i^2 \sigma_i^2\right)$$
> に従う。

問 8.18 正規分布の再生性から弱い中心極限定理を導け。

正規分布の再生性を用いると次のような議論が進行する。

正規分布 $N(\mu_1, \sigma_1^2)$, $N(\mu_2, \sigma_2^2)$ に従う母集団から,それぞれ大きさ n_1, n_2 の標本を取り出し,これらが全体として独立であると仮定する。ふたつの標本平均を $\overline{X}, \overline{Y}$ とすると,$\overline{X}$ は $N(\mu_1, \sigma_1^2/n_1)$ に,$\overline{Y}$ は $N(\mu_2, \sigma_2^2/n_2)$ に従い,$\overline{X}$ と $\overline{Y}$ は独立である。したがって,正規分布の再生性によって,標本平均の差 $\overline{X} - \overline{Y}$ は正規分布 $N(\mu_1 - \mu_2, \sigma_1^2/n_1 + \sigma_2^2/n_2)$ に従う。我々は等平均仮説 $H_0 : \mu_1 = \mu_2$ の下で検定したいのだから,$\overline{X} - \overline{Y}$ は正規分布 $N(0, \sigma_1^2/n_1 + \sigma_2^2/n_2)$ に従うことになる。これを標準化すれば次が得られる。

> **母平均の差の検定(母分散既知)**
>
> $N(\mu_1, \sigma_1^2)$, $N(\mu_2, \sigma_2^2)$ に従うふたつの正規母集団おいて,母分散 σ_1^2, σ_2^2 は既知であるとする。それぞれから抽出した大きさ n_1, n_2 の標本平均を $\overline{X}, \overline{Y}$ とする。このとき,帰無仮説
> $$H_0 : \mu_1 = \mu_2$$
> の下で,統計量
> $$Z = \frac{\overline{X} - \overline{Y}}{\sqrt{\sigma_1^2/n_1 + \sigma_2^2/n_2}}$$
> は標準正規分布 $N(0, 1^2)$ に従う。

8.5 母平均の差の検定

注意 7.9 にも書いたことだが，医療薬学分野で頻繁に現れる等平均仮説検定という実践的な問題において，母分散が既知ということはまず起こらない。そのため，ここでは結果だけを述べるに留めて先へ進もう。

8.5.2 母分散が未知だが等しい場合

母分散が未知であるというごく普通のケースでは，前項のように正規分布を使うことができないのだが，母分散が等しいという条件をつけると見事にうまくいく。ふたつの母集団の母分散 σ_1^2, σ_2^2 について，$\sigma_1^2 = \sigma_2^2$ という条件さえつければ，その値が具体的にわからなくてもよいのである。

これは単なる便宜的な設定ではないことに注意されたい。第 8.4 節冒頭で述べたように，分散が大きく異なるふたつの集団の平均値を取りあげて，等しいとか等しくないとか言うことにはあまり意味はないのである。**ふたつの母集団の分散に有意差がない場合にのみ，平均値の比較に意味がある**ということは銘記しておくべきである。前節の結果，第 7.2.4 項 (7.8) 式，第 5.2 節の t 分布の定義および χ^2 分布の再生性[*8]を用いて次の結果を導くことができるが，詳細は省略する。

母平均の差の検定（母分散未知だが等しい）

$N(\mu_1, \sigma_1^2), N(\mu_2, \sigma_2^2)$ に従うふたつの正規母集団において，$\sigma_1^2 = \sigma_2^2$ であると仮定する。それぞれから抽出した大きさ n_1, n_2 の標本平均を $\overline{X}, \overline{Y}$，標本分散を S_1^2, S_2^2 とする。このとき，帰無仮説 $H_0 : \mu_1 = \mu_2$ の下で，統計量

$$T = \frac{\overline{X} - \overline{Y}}{\sqrt{\left(\dfrac{1}{n_1} + \dfrac{1}{n_2}\right)\dfrac{n_1 S_1^2 + n_2 S_2^2}{n_1 + n_2 - 2}}} \tag{8.2}$$

は自由度 $n_1 + n_2 - 2$ の t 分布に従う。

[*8] これは説明していないが，正規分布の再生性と同じ性質が χ^2 分布にもあるのである。

注意 8.19　$\sigma_1^2 = \sigma_2^2$ であるかどうかは全数調査をしない限りわからないので，そのようにみなせるという論拠があればよい．実践の場では，等分散検定を適用して，帰無仮説 $H_0 : \sigma_1^2 = \sigma_2^2$ が棄却できなければ母分散は等しいとみなしてよい．

【例題 8.20】　降圧剤の効果を調べるために，薬を服用した 20 人の収縮期血圧を測定して標本平均 134mmHg，不偏分散 $(5\text{mmHg})^2$ を得た．一方，プラセボを服用した 10 人のそれは標本平均 138mmHg，不偏分散 $(6\text{mmHg})^2$ であった．この降圧剤は血圧を下げる効果があるといえるかどうか，有意水準 5% で検定せよ．

解答　この降圧剤を服用した人全体および服用しなかった（プラセボを服用した）人全体がそれぞれ母集団であり，その収縮期血圧は正規分布 $N(\mu_1, \sigma_1^2), N(\mu_2, \sigma_2^2)$ にそれぞれ従うと考えてよい．このようなケースでは分散は等しいとみなせることが多いが，きちんと調べてみよう．

等分散仮説 $H_0 : \sigma_1^2 = \sigma_2^2$ を有意水準 5% で検定する．対立仮説が $H_1 : \sigma_1^2 \neq \sigma_2^2$ の両側検定である．(8.1) で定義した F が自由度 $(19, 9)$ の F 分布に従うから，その実現値 $F = 5^2/6^2 = 0.694$ は次図 8.7 の状況下にある．

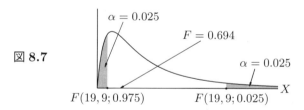

図 8.7

問 8.16 のように考えて，F 分布表から

$$F(19, 9; 0.025) = 3.687,\ F(19, 9; 0.975) = \frac{1}{F(9, 19; 0.025)} = \frac{1}{2.880} = 0.342$$

が読めるので，H_0 は棄却されない．すなわち，$\sigma_1^2 = \sigma_2^2$ とみなしてよい．

いよいよ (8.2) を用いて等平均仮説 $H_0 : \mu_1 = \mu_2$ を t 検定する．趣旨を考えれば，対立仮説は $H_1 : \mu_1 < \mu_2$ とすべきであるから，左片側検定である．(8.2) で定義した T が自由度 28 の t 分布に従うのだが，与えられた

8.5 母平均の差の検定

データが不偏分散なので少々注意が必要である。再び注意 7.6 より，

$$S^2 = \frac{n-1}{n}U^2 \quad (n は標本数)$$

であったから，(8.2) に代入して，実現値

$$T = \frac{\overline{X}-\overline{Y}}{\sqrt{\left(\dfrac{1}{n_1}+\dfrac{1}{n_2}\right)\dfrac{(n_1-1)U_1^2+(n_2-1)U_2^2}{n_1+n_2-2}}} = -1.933$$

が求まる。左片側のみに 5% の棄却域が設けられるので，状況は下図 8.8 のごとくなる。

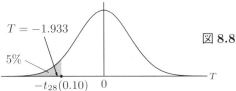
図 8.8

問 8.21 $t_{28}(0.10) = 1.701$ であることを確かめよ。片側検定のときの t 分布表の記号には注意を要する。$t_n(\alpha)$ は，有意水準 α を半分ずつに割って両側検定するときの境界値のことである。したがって，$T \geq t_n(\alpha)$ の面積が $\alpha/2$ ということになる。本問では片側だけで 0.05 をとるので，$\alpha = 0.05 \times 2 = 0.10$ としなければならない。

ご覧の通り，等平均仮説 H_0 は有意水準 5% で棄却され，対立仮説が採択される。処理群の血圧の平均値の方が対照群のそれより有意に低い，すなわち降圧剤には効果があったと判断できる。

注意 8.22 母分散が異なるときに，近似的に母平均の差の検定をする**ウェルチ**（Welch）**の検定**と呼ばれる方法があるが，本書では扱わない。

8.6 等比率検定

医療薬学分野では,「治癒した・しない」とか「効果があった・なかった」のようなデータが比率で与えられることが多い。母比率そのものの検定法については,第 7.2.3 項で学んだ母比率の区間推定からほとんど明らかであるから,結果だけ述べるに留める。いずれにしても,基本原理は,標本数 n が十分大きいときは 2 項分布が正規分布で近似できるというド・モワブル-ラプラスの定理に基づいていることをもう一度思い出しておこう。

母比率の検定

母比率 p をもつ 2 項母集団から十分大きいサイズ n の標本をとって,標本比率が $\overline{p}$ であったとする。ある比率 p_0 に対して,$p = p_0$ かどうかを調べたいときは,帰無仮説 $H_0 : p = p_0$ の下で

$$Z = \frac{\overline{p} - p_0}{\sqrt{\dfrac{p_0(1-p_0)}{n}}}$$

が標準正規分布 $N(0, 1^2)$ に従う。

次に,ふたつの 2 項母集団の比率が等しいとみなしてよいかどうかを判断する等比率検定について述べる。

ある属性 A に注目し,ふたつの母集団で A をもつものの母比率がそれぞれ p_1, p_2 であるとする。この母集団からそれぞれ大きさ n_1, n_2 の標本をとり,その中で属性 A をもつものの度数を X_1, X_2 とすると,X_i ($i = 1, 2$)(以下そのように略記する)は 2 項分布 $B(n_i, p_i)$ に従う。n_1, n_2 が十分大きいならば,$B(n_i, p_i)$ は正規分布 $N(n_i p_i, n_i p_i q_i)$ で近似できる。ここに $q_i = 1 - p_i$ であった。したがって,標本比率 $\overline{p}_i = X_i/n_i$ は $N(p_i, p_i q_i / n_i)$ に従い,正規分布の再生性より,$\overline{p}_1 - \overline{p}_2$ は正規分布

$$N\left(p_1 - p_2, \frac{p_1 q_1}{n_1} + \frac{p_2 q_2}{n_2}\right)$$

に従う。我々は帰無仮説 $H_0 : p_1 = p_2$ を検定したいわけだから,$p_1 = p_2 = p$ とお

8.6 等比率検定

くと，H_0 の下では $\overline{p}_1 - \overline{p}_2$ は正規分布

$$N\left(0, p(1-p)\left(\frac{1}{n_1} + \frac{1}{n_2}\right)\right)$$

に従うことがわかる。ただし，この分散には不明の p が含まれていて実現値が計算できないので，p をふたつの標本を併せた全体の標本比率

$$\hat{p} = \frac{X_1 + X_2}{n_1 + n_2} = \frac{n_1\overline{p}_1 + n_2\overline{p}_2}{n_1 + n_2}$$

で代用する。最後に標準化を施して次の結果を得る。

等比率検定

属性 A に関してそれぞれ母比率 p_1, p_2 をもつふたつの 2 項母集団から，それぞれ大きさ n_1, n_2 の標本をとったときの標本比率が $\overline{p}_1, \overline{p}_2$ だったとする。このとき，等比率仮説

$$H_0 : p_1 = p_2$$

の下で，

$$Z = \frac{\overline{p}_1 - \overline{p}_2}{\sqrt{\hat{p}(1-\hat{p})\left(\frac{1}{n_1} + \frac{1}{n_2}\right)}} \tag{8.3}$$

は標準正規分布 $N(0, 1^2)$ に従う。ここに，$\hat{p} = (n_1\overline{p}_1 + n_2\overline{p}_2)/(n_1+n_2)$ である。

【例題 8.23】ある県でインフルエンザの予防接種を受けた者と受けなかった者をそれぞれ 300 人無作為に抽出したところ，受けた者では 12 人が，受けなかった者では 20 人がインフルエンザに罹患した。予防接種を受けた方が罹患率が低いといえるかどうか，有意水準 5% で検定せよ。

解答 受けた方の罹患率を p_1，受けなかった方のそれを p_2 として，帰無仮説 $H_0: p_1 = p_2$ を検定する．対立仮説が $H_1: p_1 < p_2$ の左片側検定である．標本比率については $\bar{p}_1 = 12/300, \bar{p}_2 = 20/300$ であり，$\hat{p} = 32/600$ である．(8.3) の実現値は

$$z = \frac{\dfrac{12}{300} - \dfrac{20}{300}}{\sqrt{\dfrac{32}{600} \cdot \dfrac{568}{600} \left(\dfrac{1}{300} + \dfrac{1}{300}\right)}} = -1.454$$

となるので，左側のみに 5% の棄却域を置いた状況は図 8.9 の通りである．

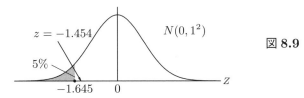

図 8.9

z は棄却域に落ちないので，帰無仮説は棄却されない．すなわち，予防接種が効果があったとはいえない（「効果がない＝何もしないのと同じ」と断定しているのではない）．

8.7 多群間の比較検定

第 8.4 以降で行ったのは 2 群間の母数の比較検定であった．これに対して，3 つ以上の群の間で比較検定を行いたいという場面が医療薬学分野ではしばしば生じる．たとえば，第 7 章の例題 7.15 のように薬物投与量を 4 通りに変えて，その結果を比較したいとしよう．これを 2 群ずつのすべての組合せに対して有意水準 5% で検定すると，全部で $_4C_2 = 6$ 通りの同様の検定を行うことになるが，その中の少なくとも一組の検定で有意と判定される確率は

$$1 - 0.95^6 = 0.265$$

となり，0.05より遥かに大きくなってしまう．6通りの組合せの全体で有意水準5%とするには，1回毎の有意水準を5%よりかなり厳しくとらねばならない．このことを考慮した検定法を**テューキー（Tukey）法**と呼ぶ．

それに対して，基準となる群をひとつ決め，それと残りの群を比較する方法を**ダネット（Dunnett）法**という．これらについての詳細は，参考文献 [1] や [12] を参照されたい．

8.8 適合度の検定

今まで学んできた推測論や仮説検定においては，議論を進めるに当たって母集団分布の形 ——ほとんどは正規分布であるが—— を仮定し，確率密度関数をもつものばかりを扱ってきた．このような方法を広く**パラメトリック法**という[*9]．これに対し，母集団分布の形を特に定めない（あるいは，母集団分布がまったくわからないときの）方法を**ノンパラメトリック法**と呼ぶ．

第8.4節以降では，母集団の正規性を仮定して，ふたつの平均や比率が等しいとみなせるかどうかという検定問題を扱ったが，多群間の比率の比較検定の問題を，そこで解説した方法で解くことは適当でない．本節で解説する**適合度の検定**は，得られた多群実験データが，理論的に想定される頻度に適合しているかどうかを判定するノンパラメトリック検定である．次の例題を使ってその概要を説明しよう．

【例題 8.24】サイコロを120回振って出た目を記録したら，1〜6の目が出た回数は順に

$$29, 14, 23, 17, 19, 18$$

となった．ずいぶんむらがあるが，このむらは単なる偶然の範疇か，それともサイコロに問題があると考えるべきなのか判断せよ．

[*9] 母集団分布を特徴づける特性値のことを母数（パラメータ）といったが，そのパラメータに依存しているとか，パラメータ自体を推測や検定の対象としているというほどの意味であろう．推定や検定では統計量を計算するが，それは，統計量がある分布に従っているということがわかっていて初めて可能なことである．そしてそのためには母集団分布についての仮定が必要なのである．

解答 我々はこれを仮説検定の問題と捉え、帰無仮説 H_0:「このサイコロは正しく作られている」を立てる。最初に次のような表を作る。

出た目	1	2	3	4	5	6
観測度数	29	14	23	17	19	18
期待度数	20	20	20	20	20	20

帰無仮説 H_0 の下では、各目は確率 1/6 で出ると考えられるので、理論通りなら各目は 20 回ずつ出ると期待される。これを**期待度数**とか**理論度数**という。それに対して、実際の観測で得られた度数が**観測度数**である。そこで、このふたつから次のような統計量を作る[*10]。

$$\chi^2 = \sum \frac{(観測度数-期待度数)^2}{期待度数}. \qquad (8.4)$$

χ^2 値が大きいということは、分子が大きいということであるから、実際の観測度数が理論値とかけ離れている、つまり確率的に低いことが起こっているといえる。

ところで、思わせぶりに χ^2 などと書いたが、これは我々の知っている χ^2 分布と関係があるのだろうか。第 5.1 節で定義した χ^2 分布は連続型分布であり、上の (8.4) は離散型統計量であるから、両者が同じものでないことは確かである。実は (8.4) は**ピアソンの χ^2 値**と呼ばれるもので、観測個体数が大きいときには、本来の χ^2 分布で近似されるのである。

Karl Pearson (1857-1936)

イギリスの数理統計学者。
統計学の厳密な数理化に貢献した立役者のひとり。
本書では扱わないが、相関係数の概念はピアソンに負う。

[*10] 和記号 $\sum$ の上下に何も書いていないのは、状況に応じてその都度必要な回数だけ和をとるという意味である。今の場合は、サイコロの各目について 6 回分の和をとるのである。

8.8 適合度の検定

離散型分布である2項分布がド・モワブルの定理によって連続型分布である正規分布で近似されたように，離散型 χ^2 分布も連続型 χ^2 分布で近似できるのである．

離散型 χ^2 値の χ^2 分布近似

n 個のクラスに分かれた実験結果があるとき，ピアソンの χ^2 値

$$\chi^2 = \sum_1^n \frac{(観測度数 - 期待度数)^2}{期待度数} \tag{8.5}$$

は近似的に自由度 $n-1$ の χ^2 分布に従う．和は n 個のクラスについてとる．ただし，どの期待度数も $\geqq 5$ でないと近似の精度は悪くなる．

注意 8.25 なぜ (8.5) が本来の連続型 χ^2 分布と結びつくのかという理由については，巻末付録 H に解説があるので適宜参照されたい．また，見た目のわかりやすさを優先して敢えて数式で表現しなかったが，(8.5) において，確率変数は n 個の（観測度数 - 期待度数）である．これらが独立なら自由度は n になるはずである．しかしながら，n 個の（観測度数 - 期待度数）の和は明らかに 0 になるので，第 7.1 節の (♯) 式と同じように，自由度が 1 だけ減ってしまうのである．

問 8.26 n 個の（観測度数 - 期待度数）の和が 0 になることを確認せよ．抽象的なままではわからないなら，例題 8.24 のサイコロの表で考えよ．

問 8.27 ピアソンの χ^2 値が 0 になるのはどのようなときか．

早速ピアソンの χ^2 値をサイコロの場合で計算してみると，

$$\chi^2 = \frac{(29-20)^2}{20} + \frac{(14-20)^2}{20} + \frac{(23-20)^2}{20}$$
$$+ \frac{(17-20)^2}{20} + \frac{(19-20)^2}{20} + \frac{(18-20)^2}{20} = 7$$

となり，これが自由度 $5 (= 6-1)$ の χ^2 分布に従うのであるが，最後にもうひとつ重要な注意がある．

適合度検定の仕方

適合度検定では，観測度数と理論上の期待度数との間に有意差は認められるか（観測値は理論値に適合しているか）どうかの判定に使われる。その際，帰無仮説 H_0 と対立仮説 H_1 は

H_0 : 有意差は認められない　　H_1 : 有意差が認められる

と設定する。また，実際の観測度数が期待度数からかけ離れているほど χ^2 値は大きくなるので，**ノンパラメトリックな χ^2 検定は常に右片側検定**である。したがって，棄却域も右側のみにとる。

サイコロの帰無仮説 H_0 を有意水準 5% で検定してみよう。状況は下図の通りである。

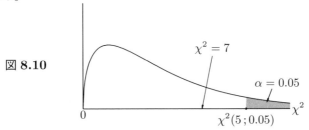

図 8.10

$\chi^2(5; 0.05) = 11.070$ なので，我々の求めたピアソンの χ^2 値は棄却域に落ちない。したがって帰無仮説 H_0 は棄却されず，この程度のむらではサイコロがおかしいとはいえない。

最後にひとつ，面白い例をやってみよう。第 6.5 節で円周率 π の乱数性について触れた。乱数の厳密な定義はないのであるが，乱数がもつべき重要な性質のひとつに一様性がある。これは，0 から 9 までの数字が同程度の割合で現れるという性質である。π がこの性質をもっているかどうか，適合度検定してみよう。

【例題 8.28】円周率 π の小数点以下 1 億桁まで調べると，0 から 9 までの数字が次表の回数だけ現れる[*11]。

[*11] 金田康正：π のはなし，東京図書，1991。

数字	0	1	2	3	4
出現回数	9999922	10002475	10001092	9998442	10003863

数字	5	6	7	8	9
出現回数	9993478	9999417	9999610	10002180	9999521

最初の 1 億桁に関して，π は一様性をもっているかどうか有意水準 5% で検定よ．

解答 一様性をもっているというのは，どの数字も 1 千万回程度現れるということである．そこで，帰無仮説 H_0：「各数字の現れ方に有意差はない」を立てる．ピアソンの χ^2 値は

$$\chi^2 = \frac{(9999922 - 10000000)^2}{10000000} + \cdots + \frac{(9999521 - 10000000)^2}{10000000} = 7.268$$

と計算され，これが自由度 $9 (= 10 - 1)$ の χ^2 分布の中にある．

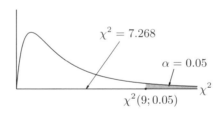

右片側検定なので状況は上図の通りであり，$\chi^2(9; 0.05) = 16.92$ であるから，χ^2 値は棄却域に落ちない．H_0 は棄却されず，各数字の現れ方に有意差があるとはいえない．実は，1 億桁ずつ区切って他のブロックを調べてみても，有意であるという結果は得られない．π が一様乱数としての役割を十分果たすことができる証拠といえる．

8.9 独立性の検定

たとえば，ある疾病に対してふたつの治療法があり，その治癒率を比較したいとする．もし，ふたつの治療法と治癒率が無関係であると判断できるな

ら，それは「治療法に差はない」と言ったのと同じことになるであろう．統計学ではこのように，ふたつの性質が無関係であることを**独立である**と表現し，それを検定することを**独立性の検定**という．

母集団が二つの性質 A, B に関してそれぞれ互いに交わらない k 個のクラス $A_1, A_2, \cdots, A_k$ と，ℓ 個のクラス $B_1, B_2, \cdots, B_\ell$ に分けられているとする．この母集団から大きさ n の標本を抽出して，クラス「A_i かつ B_j」に属する個体の観測度数が x_{ij} であるとき，それを下のような**分割表** 8.1 にまとめる．表 8.2 はその具体例であり，さる評判のお化け屋敷の入館者を観察して，恐怖のあまり泣いた者の人数をカウントしたものである．

性質	B_1	B_2	$\cdots$	B_ℓ	計
A_1	x_{11}	x_{12}	$\cdots$	$x_{1\ell}$	a_1
A_2	x_{21}	x_{22}	$\cdots$	$x_{2\ell}$	a_2
$\cdots$	$\cdots$	$\cdots$	$\cdots$	$\cdots$	$\cdots$
A_k	x_{k1}	x_{k2}	$\cdots$	$x_{k\ell}$	a_k
計	b_1	b_2	$\cdots$	b_ℓ	n

表 8.1

	泣いた	平気	計
男	28	431	459
女	49	512	561
計	77	943	1020

表 8.2

理論上は，ある個体が $A_1, A_2, \cdots, A_k$ に属する確率が順に $p_1, p_2, \cdots, p_k$ で，$B_1, B_2, \cdots, B_\ell$ に属する確率が順に $q_1, q_2, \cdots, q_\ell$ であると事前にわかっているとしよう．我々は帰無仮説

$$H_0 : 性質\ A\ と\ B\ は独立である$$

を検定したい．H_0 の下では，ある個体がクラス「A_i かつ B_j」に属する確率は乗法定理によって $p_i q_j$ となる．したがって，クラス「A_i かつ B_j」に属する期待度数は $np_i q_j$ である．そこで，観測度数 x_{ij} の総数 $k\ell$ 個について，ピアソンの χ^2 値

$$\chi^2 = \sum_{\substack{1 \leq i \leq k \\ 1 \leq j \leq \ell}} \frac{(x_{ij} - np_i q_j)^2}{np_i q_j} = \frac{(x_{11} - np_1 q_1)^2}{np_1 q_1} + \cdots + \frac{(x_{k\ell} - np_k q_\ell)^2}{np_k q_\ell} \quad (8.6)$$

8.9 独立性の検定

が自由度 $k\ell - 1$ の χ^2 分布に従うことがわかる。

しかし，お化け屋敷で泣くかどうかの理論的な確率なんてわからない！適合度の検定では理論分布が先にあったので，確率から期待度数が計算できたのだが，独立性の検定では観測しているだけなので事前の確率 p_i や q_j などわからないのである。そこで，次のように考える。たとえば np_1q_1 についてやってみよう。B_1 に属する b_1 個を全体とみて，その中で A_1 に属する確率は a_1/n と考えて，np_1q_1 の代わりに a_1b_1/n で代用するのである。一般には，np_iq_j の代わりに a_ib_j/n で置き換える。こうして χ^2 値を書き換えることによって次の結果が得られる。

独立性の検定

性質 A, B が独立であるなら，分割表 8.1 から作ったピアソンの χ^2 値

$$\chi^2 = \sum_{i=1}^{k} \sum_{j=1}^{\ell} \frac{(x_{ij} - a_ib_j/n)^2}{a_ib_j/n} \tag{8.7}$$

は自由度 $(k-1)(\ell-1)$ の χ^2 分布に従う。

注意 8.29 (8.6) と (8.7) で自由度の値が変わったことに気づかれただろうか。$k, \ell \geq 2$ であるから常に $k\ell - 1 > (k-1)(\ell-1)$ が成立し，(8.7) の方が自由度がさらに減っているのである。これは，(8.7) では，その作り方から，行ごと，列ごとの和の段階で自由度が 1 ずつ減ってしまうからである。

問 8.30♯ たとえば，χ^2 値のうち第 1 列だけの和

$$\chi^2_{(1)} = \frac{(x_{11} - a_1b_1/n)^2}{a_1b_1/n} + \cdots + \frac{(x_{k1} - a_kb_1/n)^2}{a_kb_1/n}$$

の自由度は $k-1$ であることを示せ。他の列も同様であることを示せ。

【例題 8.31】 表 8.2 は，お化け屋敷に来館した 20 代の男女についてのデータであるとする。この結果から，女性は男性より怖がりで泣きやすいといえるかどうか，有意水準 5% で検定せよ。

解答 (8.7) 式の意味を改めて考えながらやってみよう。帰無仮説は H_0：「泣いたかどうかに男女差はない」である。入館者の男女の割合は，男性

459/1020，女性 561/1020 であるから，もし本当に男女差がないのなら，泣いた者計 77 人の内訳はこの男女比に沿ったものになるはずである．たとえば，男性で泣いた者は理論上

$$77 \times 459/1020 = 34.65$$

程度になるはずである．これが式でいえば $a_1 b_1/n$ に当たる値である．確かに期待度数に相当すると思えるであろう．同様にして，

$$\chi^2 = \frac{(28 - 459 \cdot 77/1020)^2}{459 \cdot 77/1020} + \frac{(431 - 459 \cdot 943/1020)^2}{459 \cdot 943/1020} \\ + \frac{(49 - 561 \cdot 77/1020)^2}{561 \cdot 77/1020} + \frac{(512 - 561 \cdot 943/1020)^2}{561 \cdot 943/1020} = 2.51$$

が求まる．これが自由度 $1 (= (2-1)(2-1))$ の χ^2 分布の中にある．

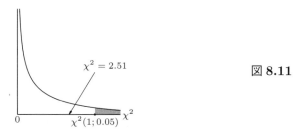

図 8.11

$\chi^2(1; 0.05) = 3.841$ であるから，χ^2 値は棄却域に落ちず，帰無仮説 H_0 は棄却されない．それゆえ，泣くほどの怖がりであることに男女差があるとはいえないという結論が得られる．

8.9.1 2 × 2 分割表

分割表が 2 × 2 型になるときを特に考えよう．最も簡単なケースではあるが，医療薬学の症例・対照研究（case control study）などにおいて使い途は多いはずである．2 × 2 型では自由度は常に $(2-1)(2-1) = 1$ であることを予め指摘しておこう．

8.9 独立性の検定

	B_1	B_2	計
A_1	a	b	$a+b$
A_2	c	d	$c+d$
計	$a+c$	$b+d$	n

表 8.3

ピアソンの χ^2 値は，定義によって

$$\chi^2 = \frac{\{a-(a+b)(a+c)/n\}^2}{(a+b)(a+c)/n} + \frac{\{b-(a+b)(b+d)/n\}^2}{(a+b)(b+d)/n}$$
$$+ \frac{\{c-(a+c)(c+d)/n\}^2}{(a+c)(c+d)/n} + \frac{\{d-(b+d)(c+d)/n\}^2}{(b+d)(c+d)/n}$$

であるが，$a+b+c+d=n$ に注意して上手く変形すると，

$$\chi^2 = \frac{n \cdot (ad-bc)^2}{(a+b)(c+d)(a+c)(b+d)} \tag{8.8}$$

という簡単な式になることがわかる。

問 8.32 (8.8) となることを確かめよ。

注意 8.33 適合度検定のときにあった，どの期待度数も $\geqq 5$ でないと精度が悪いという要件は独立性の検定でもそのまま残る。したがって，n はある程度大きい必要がある。期待度数の中に $\geqq 5$ を満たさないものがあるときは，イェーツ (Yates) の補正と呼ばれる次の補正を行うことがある。

$$\chi^2(\text{補正}) = \frac{n \cdot (|ad-bc|-n/2)^2}{(a+b)(c+d)(a+c)(b+d)}.$$

これは離散量を連続量で近似するときに生じる誤差を補正したものである（n が小さいときの $n!$ とスターリングの公式との誤差）が，イェーツの補正によって χ^2 値が小さくなり過ぎて第 2 種の誤りを犯す確率が高くなる場合があるという指摘がなされ，近年ではあまり使われなくなる傾向にあるようである。観測度数がすべて 1 桁のような場合の検定法として，χ^2 分布で近似するのではなく，確率を直接計算してしまう**フィッシャーの直接確率計算法**があるが，本書では扱わない。

【例題 8.34】下の表はサリドマイド剤服用と奇形児出産についての報告である。このデータから，帰無仮説 H_0：「サリドマイド剤服用と奇形児出産とは無関係である」を有意水準 1% で検定せよ。

	奇形児	健常児	計
サリドマイド服用	90	2	92
非服用	22	186	208
計	112	188	300

解答 最も期待度数が小さい観測度数 90 の期待度数さえ $92 \times 112/300 = 34.35 > 5$ を満たしているので，(8.8) を用いて求める。

$$\chi^2 = \frac{300 \cdot (90 \cdot 186 - 2 \cdot 22)^2}{92 \cdot 208 \cdot 112 \cdot 188} = 207.55$$

は $\chi^2(1; 0.01) = 6.635$ より遥かに大きく，帰無仮説 H_0 は棄却される。すなわち，サリドマイド剤服用と奇形児出産には関係がある。

余談 8.35 サリドマイドは睡眠鎮静薬として旧西ドイツで開発されて世界各地に広まり，1958 年に日本でもイソミン錠の製品名で販売された。ところが，同剤を服用した母親から手足に異常がある子供が生まれたとの報告が相次ぎ，1961 年 11 月のいわゆるレンツ警告を受けて，多くの国では直ちに販売が中止されたにもかかわらず，日本での主な販売元であった大日本製薬は「報告は科学性に乏しい」として 1962 年 9 月まで販売し続けたうえ，回収も徹底されなかったため被害者を 2 倍に増やしてしまったと言われている。さらに，当時の大阪大学工学部の杉山博教授が，「非服用者でも 22 人もの奇形児が生まれているのだから，サリマイド剤が奇形児の原因とは言い難い」と反論したことによって，サリドマイド被害の核心には統計の誤用・悪用問題があることも浮き彫りになったのであった[*12]。

問 8.36 杉山教授の反論に対して，統計学の見地から意見を述べよ。

【例題 8.37】熱帯地方である病気が流行して，927 人の子供がこの病気に罹った。治療を受けなかった 408 人中 104 人に，治療を受けた 519 人中

[*12] このことに関して，日本計量生物学会ニュースレター第 103 号に，長崎大学の柴田義貞氏による興味深い論説がある。

8.9 独立性の検定

166 人にそれぞれ後遺症が残った。ふたつの因子の独立性を有意水準 5% で検定せよ。

解答 帰無仮説は H_0：「治療したかどうかと後遺症が残るか残らないかは無関係」である。2×2 分割表は次のようになるから，

	治療を受けた	治療を受けなかった	計
完治した	353	304	657
後遺症が残った	166	104	270
計	519	408	927

$$\chi^2 = \frac{927\,(353 \cdot 104 - 304 \cdot 166)^2}{519 \cdot 408 \cdot 657 \cdot 270} = 4.667183 > 3.841 = \chi^2(1; 0.05)$$

となって H_0 は棄却される。つまり「治療したかどうかが関係ある」となるが，ここには論理上大きな落とし穴がある。「治療が関係ある」とは，良い意味でも悪い意味でも関係あると言っているだけであって，「治療した方がよかった」ことを意味しない。人間心理として，ついつい「治療したかどうかが関係ある」＝「治療した方がよかった」と考えてしまいがちである。

もし治療が無関係なら，たとえば，治療を受けて完治した人の期待度数は $657 \cdot 519/927 \fallingdotseq 368$ 人，治療を受けて後遺症が残った人の期待度数は $270 \cdot 519/927 \fallingdotseq 151$ 人となるはずであるが，現実のデータは，治療を受けた方が結果が良くないという逆の関係性を示している。厳密な論理を適用できないととんでもない結果を招くことの格好の例題である。つまり，この治療法は直ちに考え直さないと悲劇を生む危険性があるのだ。

演習問題 8

1 母分散 $\sigma^2 = 16^2$ とわかっている母集団についての帰無仮説 $H_0 : \mu = 86$ を次の場合に有意水準 5% で両側検定せよ．何が考察できたか述べよ．
(1) 大きさ 100 の標本に対し，標本平均値 $\bar{x} = 82$．
(2) 大きさ 25 の標本に対し，標本平均値 $\bar{x} = 82$．

2 生後 6 週目の雄のマウスの体重は，平均 25g の正規分布に従うことがわかっているものとする．開発した特別な飼料を与えて育てた雄のマウスから 8 匹を無作為抽出して体重を測定したら，次のようであった．

$$26, 28, 23, 25, 22, 26, 25, 27$$

この飼料はマウスの体重増加に効果があるといえるか，有意水準 5% で検定せよ．

3 母分散が 16 の正規母集団から抽出した大きさ 25 の標本の平均値 $\bar{x} = 98$ であった．帰無仮説を $H_0 : \mu = 100$ とする．
(1) 対立仮説を $H_1 : \mu < 100$ として有意水準 5% で片側検定せよ．
(2) (1) の検定で，H_0 が棄却されないための $\bar{x}$ の範囲を求めよ．

4 次の誤りは第 1 種，第 2 種のどちらか．
(1) 母平均が $\mu < \mu_0$ だったのに $\mu = \mu_0$ と判断した．
(2) サリドマイド剤服用と奇形児出産は関係あるのに無関係と判断した．
(3) ふたつの母集団の母比率が等しいのに等しくないと判断した．

5 母分散を σ^2 とする正規母集団から大きさ 16 の標本を抽出して，帰無仮説 $H_0 : \mu = 20$ を有意水準 5% の右片側検定したい．真の母平均は 20 より $\sigma/3$ だけ大きいとき，第 2 種の誤りを犯す確率を求めよ．

6 データ解析に関する記述のうち，正しいものを選べ[*13]．
a. t 検定はパラメトリック検定である．
b. ノンパラメトリック検定では，データが正規分布していなければならない．
c. χ^2 検定は，披験薬の投与群と非投与群の比較に用いられる．
d. 有意水準とは対立仮説を棄却する確率のことである．

[*13] 第 93 回薬剤師国家試験問題より改題．以下の国試問題を眺めてもらえば，薬剤師国家試験がどういう質の試験なのかがわかるであろう．

7 薬物治療の効果判定の統計処理に用いられる Tukey 法に関する記述のうち，正しいのはどれか，2つ選べ[*14]。
1 すべての群の同時対比較を行う検定法である。
2 1つの対照群と2つ以上の処理群を比較検定する方法である。
3 分散が等しくないデータの比較検定に適している。
4 正規分布に従わないデータの比較検定に適している。
5 パラメトリックなデータの比較検定に適している。

8 次の主張が正しいかどうか判定せよ。誤りなら修正して正しい主張にせよ[*15]。
　　2群間の差が 5% 水準で有意であるとして帰無仮説を棄却した場合，両群間に差があるものを誤って否定する危険が 20 回に 1 回であることを意味する。

9 正規分布が仮定できる数値データについて，2群間の平均の差の検定に用いる統計手法はどれか，1つ選べ[*16]。
1 符号検定　2 χ^2 検定　3 Student の t 検定　4 Fisher の直接確率法

10 全国の 40 歳以上の国民のうち，呼吸器機能に問題ありと判断される人の割合は 8.6% だといわれている。ある都市の 40 歳以上の住民 600 人を無作為に選んだところ，66 人が呼吸器機能に問題ありと診断された。この比率は全国と比べて高いといえるかどうか，有意水準 5% で検定せよ。

11 1972 年 11 月の *Canadian Medical Association Journal* 誌には，ビタミンCの大量投与が風邪予防に果たす効果について報告されている。それによると，処理群（大量投与群）では 407 人中 105 人が，対照群（プラセボ群）では 411 人中 76 人がそれぞれ調査期間中に風邪に罹らずに済んだ。罹患率について，ふたつの母集団には差がないかどうか，有意水準 5% で検定せよ。両側検定，片側検定どちらにすべきかは各自で考えよ。

12 薬品 A からは大きさ 6，薬品 B からは大きさ 5 の標本をとってそれぞれの pH を調べたところ，A では平均 7.52，標本分散 0.02^2，B では平均 7.30，標本分散 0.03^2 であった。等分散検定をしたうえで，両薬品の pH に差があるといえるかどうか，有意水準 5% で検定せよ。

[*14] 第 98 回薬剤師国家試験問題より。
[*15] 第 87 回薬剤師国家試験問題より改題。
[*16] 第 99 回薬剤師国家試験問題より改題。

13 新薬の効果を既存薬のそれと比較するための臨床試験で，症状が改善されると下がる指標値を調べた．20 人の被験者を 10 人ずつ処理群と対照群に分け，処理群では平均 7 下がり，標本分散は 10^2 であった．一方，対照群では平均 4 下がり，標本分散は 7^2 であった．新薬の方が効果が高いといえるかどうか，等分散検定をしたうえで有意水準 5% で検定せよ．

14 無作為に選んだ男女 90 人の血液型を調べたところ，下表のような結果であった．男女の間で血液型の分布が異なると言えるだろうか．有意水準 5% で検定せよ．

	A	B	O	AB	計
男	20	15	16	4	55
女	15	7	9	4	35
計	35	22	25	8	90

15 ある薬は風邪の治療に効果があるといわれている．風邪をひいた 164 人を半数に分け，処理群にはこの薬を，対照群にはプラセボを投与したところ，次の結果を得た．薬の効果について有意水準 5% で検定せよ．

	効果あり	効果なし	計
処理群	50	32	82
対照群	44	38	82
計	94	70	164

16 メンデルはエンドウ豆の種子の交配実験で下表の結果を得た．この結果から，4 種類の種子の個数の比が理論上の比 9:3:3:1 と一致しているとみなせるかどうか，有意水準 5% で検定せよ．

種子の種類	滑らかで黄色	皺で黄色	滑らかで緑色	皺で緑色	計
観測度数	315	101	108	32	556

付録 A
度数分布表の平均

第1.4節で，次のような問題を保留にしておいた。

> **問題**
> 度数分布表から計算した平均値は，生データから計算した本当の平均値に比べてどのくらいの誤差が生じるのか。その誤差の程度を知りたい。

下の数字は20人のクラスで実施した20点満点の数学の試験の得点だとする。平均点は11点である。

7	12	13	5	8	6	14	11	11	13
3	18	14	13	15	9	16	15	9	8

これを，5点刻みに4つの階級に分けて度数分布表にまとめてみよう。

階級	階級値	度数
0以上〜5未満	2.5	1
5〜10	7.5	7
10〜15	12.5	8
15以上〜20以下	17.5	4

すべての得点が階級値に集中していると考えて計算した平均値は

$$\frac{1}{20}\{(2.5 \times 1) + (7.5 \times 7) + (12.5 \times 8) + (17.5 \times 4)\} = 11.25 \,(点)$$

となる。

では，生データが不明で，この度数分布表だけが与えられたとき，本当の平均値が存在する範囲の可能性を探ってみよう。可能な最小値は，実際の

データが全て各階級の最小値をとっている場合で，階級 0〜5 は実際には全員 0 点，階級 5〜10 は実際には全員 5 点というようになるから，

$$\text{本当の平均点の可能な最小値} = \frac{1}{20}\{(0 \times 1) + (5 \times 7) + (10 \times 8) + (15 \times 4)\} = 8.75$$

となる．同様に考えて，

$$\text{本当の平均点の可能な最大値} = \frac{1}{20}\{(5 \times 1) + (10 \times 7) + (15 \times 8) + (20 \times 4)\} = 13.75$$

である[1]．さて，上記最大値と最小値の差 $13.75 - 8.75 = 5$ がどこから出てきたのかよく見てみよう．辺々引くと，

$$5 = \frac{1}{20}\{(5 \times 1) + (5 \times 7) + (5 \times 8) + (5 \times 4)\}$$

となっていることがわかるが，これは

$$\frac{1}{20} \times 5 \times \overbrace{(1 + 7 + 8 + 4)}^{\text{クラスの人数}}$$

と書いてみればわかるように，階級幅に必ず等しくなる．そして，度数分布表から計算した平均値 11.25 は，この最大値と最小値のちょうど真ん中の値になっている．つまり本当の平均値は，11.25 ± 2.5 の範囲に必ずあることになり，この 2.5 は階級幅の半分である．以上は容易に一般化できるので，次のことがわかった．

結論

本当の平均値は，度数分布表から計算した平均値から，±（階級幅の半分）の範囲に必ずある．従って，階級の個数を増やせば（＝階級幅が小さくなれば）度数分布表から計算した平均値の精度は高まる．通常は生データが上の最大値や最小値を計算したときのような極端なものであることはまずないので，本当の平均値は（階級幅をそんなに狭めなくても）もっと近い範囲に入ってくる．

---

[1] 各階級の上端を "未満" でとっているので，これはおかしいのではないかと思うかもしれないが，可能な誤差の最大幅を評価しているだけなので，これで問題はない．

付録 B

2 項分布の平均と分散, χ^2 分布

B.1　2 項分布の平均と分散

　第 3.6 節 (3.6) 式の証明を与える. 確率変数 X の平均値の定義式 (同 3.5 節) より,

$$E(X) = \sum_{x=0}^{n} x \cdot \overbrace{{}_nC_x\, p^x q^{n-x}}^{P(X=x)} \quad (q = 1 - p)$$

である. 技巧的だが, ここで次のような t の関数を考える[*1].

$$(pt + q)^n = \sum_{x=0}^{n} {}_nC_x\, (pt)^x q^{n-x}.$$

この両辺を t で微分すると,

$$\begin{aligned}
np\,(pt+q)^{n-1} &= \sum_{x=1}^{n} {}_nC_x\, xp\,(pt)^{x-1} q^{n-x} \\
&= \sum_{x=1}^{n} {}_nC_x\, x\, t^{x-1} p^x q^{n-x}
\end{aligned} \tag{B.1}$$

となるが, ここで $t = 1$ とおいて $p + q = 1$ に注意すれば,

$$\begin{aligned}
np &= \sum_{x=1}^{n} x \cdot {}_nC_x\, p^x q^{n-x} \\
&= \sum_{x=0}^{n} x \cdot {}_nC_x\, p^x q^{n-x} = E(X)
\end{aligned}$$

[*1] 数学的には, 2 項係数の母関数という興味深い関数を考えていることになる.

を得る。$V(X)$ を求めるには，第3章注意 3.13 にある式

$$V(X) = \sum_{x=0}^{n} x^2 \cdot P(X=x) - E(X)^2 = \sum_{x=0}^{n} x^2 \, {}_nC_x \, p^x q^{n-x} - n^2 p^2 \quad \text{(B.2)}$$

を用いる。まず (B.1) の両辺に t を掛けた式

$$npt\,(pt+q)^{n-1} = \sum_{x=1}^{n} {}_nC_x\, x\, t^x p^x q^{n-x}$$

の両辺を t で微分すると，

$$np(pt+q)^{n-1} + npt \cdot (n-1)p\,(pt+q)^{n-2} = \sum_{x=1}^{n} {}_nC_x\, x^2\, t^{x-1} p^x q^{n-x}$$

となる。ここで再び $t=1$ とおいて $p+q=1$ を用いれば，

$$np + n(n-1)p^2 = \sum_{x=1}^{n} x^2 \,{}_nC_x\, p^x q^{n-x} = \sum_{x=0}^{n} x^2 \,{}_nC_x\, p^x q^{n-x}$$

を得るが，(B.2) を考え併せることによって

$$np - np^2 = np(1-p) = npq = V(X)$$

が導ける。

ついでに，ポワソン分布の確率関数 (3.2) が，2項分布のある種の極限として得られることを示しておこう。2項分布で注目している事象が滅多に起こらないということは，p がとても小さいことを意味する。そこで，

$$np = m \text{ (一定) に保ったまま,} \quad n \to \infty \text{ かつ } p \to 0$$

という極限を考える。

$$\begin{aligned}
P(X=x) &= \frac{n(n-1)\cdots(n-x+1)}{x!} p^x (1-p)^{n-x} \\
&= \frac{(np)^x}{x!}\left(1-\frac{1}{n}\right)\cdots\left(1-\frac{x-1}{n}\right)\left(1-\frac{np}{n}\right)^{n(1-x/n)} \\
&= \frac{m^x}{x!}\left(1-\frac{1}{n}\right)\cdots\left(1-\frac{x-1}{n}\right)\left(1-\frac{m}{n}\right)^{n(1-x/n)}
\end{aligned} \quad \text{(B.3)}$$

B.1 2項分布の平均と分散

と変形した上で，よく知られた極限値

$$\lim_{n\to\infty}\left(1-\frac{m}{n}\right)^n = e^{-m}$$

を（B.3）最後の項に適用すれば，

$$P(X=x) \xrightarrow[n\to\infty,\ p\to 0]{np=m} \frac{m^x}{x!}e^{-m} = f(x)$$

となり，$f(x)$ はポワソン分布の確率関数である。

試しに n が大きく p が小さい場合に，2項分布とポワソン分布の度数折れ線がよく似ていることを確かめておこう。2項分布 $B(n,p)$ とパラメータ m のポワソン分布を結びつける関係式は，上で見たように $m=np$ である。$n=1000, p=1/20$ で描いたものが下図である。

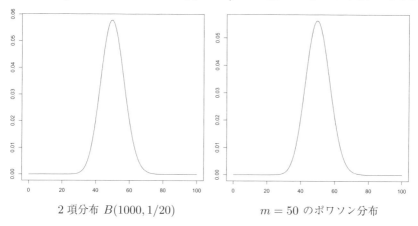

　　2項分布 $B(1000, 1/20)$　　　　　　　$m=50$ のポワソン分布

第3.4節を読んだ読者は，少し違和感を感じたのではないか。そこで取り上げた $m=0.56$ のポワソン分布の確率関数のグラフは次ページのようになって，稀にしか起こらない事象の感じがよく出ているのに，上のふたつのグラフはそういう感じがしないからである。どういうことだろう。

パラメータ m のポワソン分布に従う確率変数 X に対し，第3章演習問題 2 で見たように，
$$E(X) = V(X) = m$$

が成り立つ。m は平均値なのである。

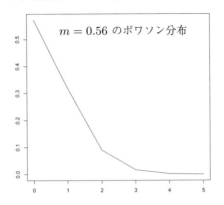

2項分布 $B(n,p)$ $\xrightarrow[n\to\infty,\ p\to 0]{np=m}$ パラメータ m のポワソン分布

において，1回毎に目当ての事象が起こる確率 p が非常に小さくても——稀にしか起こらない事象でも——，試行回数 n が非常に大きければ，平均生起回数 $m=np$ はそれなりの大きさになるわけである。

これを説明するには，原子核の発見者ラザフォード[*2]が行った実験を考えてみるとよい。ラザフォードが放射性元素の崩壊に伴って放出される α 粒子の個数を時間ごとに計測したところ，これがポワソン分布にぴたりと当てはまったのである。

放射性同位元素の半減期は，塩素 38 のように 40 分足らずのものからウラン 238 のように 44 億 6800 万年かかるものまで様々であるが，概して長い。したがって，特定の原子を 1 分程度観察しても放射線が観測される確率は極めて低い。しかし，原子はものすごく沢山あるので全体としてそこそこの回数が平均値として観測されるのである。この状況が，p が小さく n が大きいという条件にものの見事に適合するというわけである。

ポワソン分布のグラフが非対称性を示すのは m が小さいときであって，n が大きいときに2項分布から近似されるポワソン分布は対称性が強い。こ

[*2] Ernest Rutherford (1871-1937) ニュージーランド出身の原子核物理学者。

れは，n が大きいとき，2項分布は正規分布で近似されるというラプラスの定理の保証するところに他ならない．ポワソン分布というと，$m = 0.56$ の場合のように，最初に山がきて以後急速に減少する非対称なグラフが強調されるのをしばしば目にするが，$m = 50$ のポワソン分布でも稀な事象を扱っていることに変わりはない．注意されたい．非常に稀にしか起こらない現象を独立に多数回観測したときには，2項分布を使うよりポワソン分布で近似した方が便利である．

B.2 χ^2 分布の確率密度関数

第5.1節例5.1で考えた X^2 の確率密度関数を導いておく．すなわち，標準正規分布 $N(0, 1^2)$ に従う確率変数 X に対し，$Y = X^2$ の従う分布の密度関数が

$$f(y) = \frac{1}{\sqrt{2\pi y}} e^{-\frac{y}{2}} \quad (y > 0)$$

であることを示したい．Y の密度関数を $f(y)$ とすると，定義により

$$P(a \leq Y \leq b) = \int_a^b f(y)\,dy$$

となるが，左辺を $Y = X^2$ と置換すると，

$$= P(\sqrt{a} \leq X \leq \sqrt{b}) + P(-\sqrt{b} \leq X \leq -\sqrt{a}) = 2\,P(\sqrt{a} \leq X \leq \sqrt{b})$$

となる．ここで標準正規分布の確率密度関数が $x = 0$ に関して対称であることを用いた．

$$P(\sqrt{a} \leq X \leq \sqrt{b}) = \int_{\sqrt{a}}^{\sqrt{b}} \frac{1}{\sqrt{2\pi}} e^{-\frac{x^2}{2}}\,dx$$

において $y = x^2$ と置換すると，

$$= \int_a^b \frac{1}{\sqrt{2\pi}} e^{-\frac{y}{2}} \frac{dy}{2\sqrt{y}}$$

となるので,
$$P(a \leqq Y \leqq b) = \int_a^b f(y)\,dy = \int_a^b \frac{1}{\sqrt{2\pi}} e^{-\frac{y}{2}} \frac{dy}{\sqrt{y}}$$
が得られた。これは
$$f(y) = \frac{1}{\sqrt{2\pi y}} e^{-\frac{y}{2}}$$
であることを示している。これは確かに (5.1) で $n=1$ とおいたものになっている。

付録 C
無限積分

$$\int_{-\infty}^{+\infty} f(x)\,dx \quad \text{とか} \quad \int_{a}^{+\infty} f(x)\,dx \quad (a \text{ は定数})$$

のように積分区間が無限区間であるようなタイプの積分について，例題を通して解説しよう．

【例題 C.1】 次の無限積分を求めよ．

$$\int_{1}^{+\infty} \frac{1}{x}\,dx.$$

解説と解答 状況を図に描いてみると，下左図のグラフの右端は閉じていない．

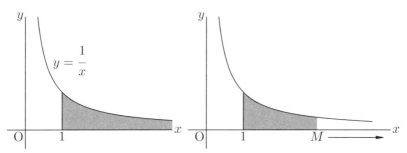

そこでまず十分大きな正数 M をとり，有限区間 $1 \leqq x \leqq M$ での普通の定積分を考える（上右図）．これは今まで通り計算できて

$$\int_{1}^{M} \frac{1}{x}\,dx = \Big[\log x\Big]_{1}^{M} = \log M$$

となる．そのとき，$M \to +\infty$ とした極限値が求める積分値であると考える

のが自然であろう。結果は

$$\int_1^{+\infty} \frac{1}{x} dx = \lim_{M \to +\infty} \int_1^M \frac{1}{x} dx = \lim_{M \to +\infty} \log M = +\infty$$

となって，求める積分は正の無限大に発散する。

　この結果を見る限りでは，無限に広がっている面積を求めているのだから，積分値が $+\infty$ に発散するのは当然のようにも思える。

【例題 C.2】　次の無限積分を求めよ。

$$\int_1^{+\infty} \frac{1}{x^2} dx.$$

解答　$y = 1/x^2$ の $x \geq 1$ の部分のグラフは $y = 1/x$ と似ているから，前例題と全く同じようにして，

$$\int_1^{+\infty} \frac{1}{x^2} dx = \lim_{M \to +\infty} \int_1^M \frac{1}{x^2} dx = \lim_{M \to +\infty} \left[-\frac{1}{x} \right]_1^M$$
$$= \lim_{M \to +\infty} \left(1 - \frac{1}{M} \right) = 1$$

が得られる。このように，無限積分でも値が有限値に収束する場合がある。無限積分の値が存在するとき，無限積分は**収束する**という。

【例題 C.3】　次の等式を示せ。

$$I = \int_{-\infty}^{+\infty} e^{-x^2} dx = \sqrt{\pi}.$$

解説　読者は，この被積分関数が第 4 章 (4.4) で学んだ標準正規分布の確率密度関数の主部（係数を取り去ってスケール変換したもの）であることがすぐにわかるであろう。

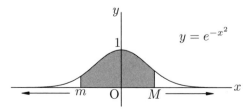

前例題でとった M の他に,絶対値が十分大きい負数 m をとり,$M \to +\infty$ かつ $m \to -\infty$ の極限値を考えればよいことがわかる。

$$I = \int_{-\infty}^{+\infty} e^{-x^2}\,dx = \lim_{\substack{M \to +\infty \\ m \to -\infty}} \int_{m}^{M} e^{-x^2}\,dx\,.$$

しかし残念ながら,1変数の微積分の範囲内でこの計算をこれ以上先に進めることはできない。再三述べたように,e^{-x^2} の原始関数が求まらないからである。というわけで,ここでは無限積分の考え方だけ理解してもらえばいいのである。

付録 D

確率変数の平均・分散の性質

ここで述べる事実は，もとになる分布（主として正規分布）から派生して現れる分布を突き止める際の基本になる大切な性質であるが，若干抽象的な数学ルーティンなので，数学が苦手な者はあまり気にしなくてよい。

D.1 1次元の場合

定義 D.1 確率変数 X の関数 $g(X)$ はまた確率変数であり，その平均を

$$E(g(X)) = \begin{cases} \displaystyle\sum_{k=-\infty}^{\infty} g(x_k)p_k & \text{（離散型）}, \\ \displaystyle\int_{-\infty}^{\infty} g(x)f(x)\,dx & \text{（連続型）} \end{cases}$$

で定義する[*1]。$f(x)$ は確率密度関数である。

---確率変数の平均・分散の性質 (I)---

a, b を定数として次式が成り立つ．

$$E(aX+b) = aE(X) + b, \quad V(aX+b) = a^2 V(X). \tag{D.1}$$

証明 離散型の場合のみ証明する．$g(X) = aX + b$ の場合である．

$$E(aX+b) = \sum_{k=-\infty}^{\infty} (ax_k + b)\,p_k \quad \text{（定義 D.1）}$$

$$= a\sum_{k=-\infty}^{\infty} x_k p_k + b\sum_{k=-\infty}^{\infty} p_k \quad \text{（和を分けた）}$$

[*1] 離散型の場合の定義を，本文中では威圧感を与えないために有限和としていたが，本当はこのような無限和（級数和）が正式な定義である．

$$= aE(X) + b.$$

最後の段で

$$E(X) = \sum_{k=-\infty}^{\infty} x_k p_k \quad \text{(平均の定義)} \quad \text{および} \quad \sum_{k=-\infty}^{\infty} p_k = 1 \quad \text{(確率の総和は 1)}$$

を使った。分散については，一般に $V(X) = E((X - E(X))^2)$ であることに注意する（第 3 章定義 3.12）。

$$\begin{aligned}
V(aX + b) &= E((aX + b - E(aX + b))^2) \quad \text{(上の注意)} \\
&= E(a^2(X - E(X))^2) \quad \text{(前半の結果)} \\
&= \sum_{k=-\infty}^{\infty} a^2(x_k - E(X))^2 p_k \quad \text{(定義 D.1)} \\
&= a^2 \sum_{k=-\infty}^{\infty} (x_k - E(X))^2 p_k \\
&= a^2 V(X). \quad \text{(再び上の注意)}
\end{aligned}$$

定義 D.1 を使うときに，$E(X)$ が定数であることだけ気をつければよい。 ∎

D.2 多次元の場合

ふたつの確率変数の組 (X, Y) を **2 次元確率変数**という。たとえば，Ω を 20 歳の日本人女子大学生の集団とし，X は身長を，Y は体重を対応させる確率変数だとすれば，$\omega \in \Omega$ に対して $(X(\omega), Y(\omega))$ という平面上の点を対応させることは，ω という一人の女子学生の身長と体重を調べていることに当たる。同様にして，一般に n 個の確率変数の組 $(X_1, X_2, \cdots, X_n)$ を考えることもできる。

定義 D.2 ふたつの確率変数 X, Y に対し，離散型の確率

$$P(X = x_i, Y = y_j) = p_{ij} \quad (i = 1, 2, 3, \cdots; j = 1, 2, 3, \cdots)$$

もしくは 2 変数関数 $f(x, y)$ を用いて連続型の確率

$$P(a \leqq X \leqq b, c \leqq Y \leqq d) = \int_a^b \int_c^d f(x, y)\, dxdy$$

D.2 多次元の場合

が与えられているとき，これを 2 次元確率変数 (X, Y) の**同時確率分布**，$f(x, y)$ を**同時確率密度関数**という。n 個の確率変数 $X_1, X_2, \cdots, X_n$ に対しても同じように定義する。

いま，X が n 個の値 $x_1, x_2, \cdots, x_n$，Y が m 個の値 $y_1, y_2, \cdots, y_m$ をとるものとし，確率 $P(X = x_i)$ を考えてみよう。これは，X が x_i という値をとることだけを指定しているので，Y はどんな値をとってもよい。したがって，i を固定し j だけを 1 から m まで動かした和

$$P(X = x_i) = \sum_{j=1}^{m} P(X = x_i, Y = y_j) = \sum_{j=1}^{m} p_{ij}$$

として得られる。X と Y の役目を入れ替えれば，

$$P(Y = y_j) = \sum_{i=1}^{n} P(X = x_i, Y = y_j) = \sum_{i=1}^{n} p_{ij}$$

も得られる。これらを**周辺確率分布**と呼ぶことがある[*2]。

以上は離散型の場合であったが，連続型確率変数の周辺分布は

$$f_1(x) = \int_{-\infty}^{\infty} f(x, y)\, dy, \quad f_2(y) = \int_{-\infty}^{\infty} f(x, y)\, dx$$

で与えられる。x を止めて y だけについて $-\infty$ から ∞ まで積分したものが $f_1(x)$ である。y についての定積分なので x は残り，結果として x のみの 1 変数関数が得られる。それを $f_1(x)$ と記しているのである[*3]。離散型の $P(X = x_i)$ と本質的に同じものである。$f_1(x)$ および $f_2(y)$ を**周辺確率密度関数**という。大切なのは，これら周辺確率密度関数がそれぞれ X, Y の密度関数になっていることである。

重要なのは X, Y が独立な場合である（第 4.3 節冒頭）。これは，式で書

[*2] なんとも印象の薄い，ピンとこない用語だ。もっと気の利いたネーミングはないものか。
[*3] この辺りの議論は，2 変数関数の微積分をきちんと学んでいると感覚的によくわかると思うが，そうでない読者はあまり気にせず，結果だけを認めて先に進んで欲しい。

けば
$$p_{ij} = P(X = x_i) \cdot P(Y = y_j) \quad (離散型),$$
$$f(x,y) = f_1(x) \cdot f_2(y) \quad (連続型)$$

のようにふたつの変数が分離されることと同じである。n 変数の場合も同様である。

定義 D.3 ふたつの確率変数 X, Y の関数 $g(X, Y)$ はまた確率変数であり，その平均を定義 D.1 と全く同じように次式で定義する。

$$E(g(X,Y)) = \begin{cases} \sum_{i=-\infty}^{\infty} \sum_{j=-\infty}^{\infty} g(x_i, y_j) p_{ij} & (離散型), \\ \int_{-\infty}^{\infty} \int_{-\infty}^{\infty} g(x,y) f(x,y) \, dxdy & (連続型). \end{cases}$$

確率変数の平均の性質 (II)

ふたつの確率変数 X, Y と定数 a, b に対して

$$E(aX + bY) = aE(X) + bE(Y) \tag{D.2}$$

が成り立つ。もっと一般に n 個の確率変数に対しては次式が成り立つ。

$$E\left(\sum_{i=1}^{n} a_i X_i\right) = \sum_{i=1}^{n} a_i E(X_i). \tag{D.3}$$

証明 (D.2) の証明だけを連続型の場合にやってみよう。

$$\begin{aligned} E(aX + bY) &= \int_{-\infty}^{\infty} \int_{-\infty}^{\infty} (ax + by) f(x,y) \, dxdy \\ &= a \int_{-\infty}^{\infty} \int_{-\infty}^{\infty} x f(x,y) \, dxdy + b \int_{-\infty}^{\infty} \int_{-\infty}^{\infty} y f(x,y) \, dxdy \\ &= a \int_{-\infty}^{\infty} x \, dx \int_{-\infty}^{\infty} f(x,y) \, dy + b \int_{-\infty}^{\infty} y \, dy \int_{-\infty}^{\infty} f(x,y) \, dx \\ &= a \int_{-\infty}^{\infty} x f_1(x) \, dx + b \int_{-\infty}^{\infty} y f_2(y) \, dy \\ &= aE(X) + bE(Y). \end{aligned}$$

D.2 多次元の場合

一方，分散の方は扱いがちょっとばかり厄介である。

定義 D.4 定義 D.3 の $g(X,Y)$ に対して，

$$V(g(X,Y)) = E\left((g(X,Y) - E(g(X,Y)))^2\right)$$

によって $g(X,Y)$ の分散を定義する。

確率変数の分散の性質 (II)

ふたつの確率変数 X, Y と定数 a, b に対して，**X, Y が独立ならば**

$$V(aX + bY) = a^2 V(X) + b^2 V(Y) \tag{D.4}$$

が成り立つ。もっと一般に n 個の確率変数 $X_i \, (i=1,\cdots,n)$ に対しても，**それらが独立であるならば**

$$V\left(\sum_{i=1}^n a_i X_i\right) = \sum_{i=1}^n a_i^2 V(X_i) \tag{D.5}$$

が成立する。

この関係を理解するためには，ひとつ新しい概念を導入しておかなければならない。

定義 D.5 ふたつの確率変数 X, Y に対して，

$$\begin{aligned}
\mathrm{Cov}(X,Y) &= E\left((X-E(X))(Y-E(Y))\right) \\
&= E(XY - XE(Y) - YE(X) + E(X)E(Y)) \\
&= E(XY) - E(X)E(Y)
\end{aligned}$$

を X と Y の**共分散**（covariance）という。

定理 D.6 X と Y が独立なら，$\mathrm{Cov}(X,Y) = 0$ である[*4]。

[*4] 細かいことだが，この定理の逆は成り立たない。

証明 離散型の場合に証明する。

$$E(XY) = \sum_{i=-\infty}^{\infty} \sum_{j=-\infty}^{\infty} x_i y_j p_{ij}$$
$$= \sum_{i=-\infty}^{\infty} \sum_{j=-\infty}^{\infty} x_i y_j P(X=x_i) \cdot P(Y=y_j)$$
$$= \sum_{i=-\infty}^{\infty} x_i P(X=x_i) \cdot \sum_{j=-\infty}^{\infty} y_j P(Y=y_j)$$
$$= E(X)E(Y)$$

となるので, $\mathrm{Cov}(X,Y) = E(XY) - E(X)E(Y) = 0$ を得る。

(D.4) の証明

$$V(aX+bY) = E\left((aX+bY-E(aX+bY))^2\right)$$
$$= E\left((a(X-E(X))+b(Y-E(Y)))^2\right)$$

において, 2乗を展開して平均の性質 (II) を用いれば,

$$= a^2 E\left((X-E(X))^2\right) + 2ab\,\mathrm{Cov}(X,Y) + b^2 E\left((Y-E(Y))^2\right)$$

となるが, 定理 D.6 によって

$$= a^2 V(X) + b^2 V(Y).$$

注意 D.7 (D.4) の証明からわかるように, 独立とは限らないときの (D.5) は

$$V\left(\sum_{i=1}^{n} a_i X_i\right) = \sum_{i=1}^{n} a_i^2 V(X_i) + 2\sum_{i<j} a_i a_j \mathrm{Cov}(X_i, X_j)$$

のような複雑な式になる。第2項の和は $1 \leq i < j \leq n$ を満たすすべての i, j に渡ってとるものとする。

D.3　標本分散が母分散の不偏推定量でないこと

第 7.1 節で, 標本分散 S^2 が母分散 σ^2 の不偏推定量ではないこと, すなわち

$$E(S^2) \neq \sigma^2, \quad S^2 = \frac{1}{n}\sum_{k=1}^{n}(X_k - \overline{X})^2$$

D.3　標本分散が母分散の不偏推定量でないこと

であることを述べた。それを数学的に厳密に確かめよう。まず，

$$(X_k - \overline{X})^2 = (X_k - \mu + \mu - \overline{X})^2$$
$$= (X_k - \mu)^2 + 2(X_k - \mu)(\mu - \overline{X}) + (\overline{X} - \mu)^2$$

と変形しておく。μ は母平均である。和をとると，

$$\sum_{k=1}^{n}(X_k - \overline{X})^2 = \sum_{k=1}^{n}(X_k - \mu)^2 + 2\sum_{k=1}^{n}(X_k - \mu)(\mu - \overline{X}) + \sum_{k=1}^{n}(\overline{X} - \mu)^2$$

となるが，右辺の第 2 項以下は

$$2\sum_{k=1}^{n}(X_k - \mu)(\mu - \overline{X}) + \sum_{k=1}^{n}(\overline{X} - \mu)^2$$
$$= 2(\mu - \overline{X})\sum_{k=1}^{n}(X_k - \mu) + n(\overline{X} - \mu)^2$$
$$= 2n(\mu - \overline{X})(\overline{X} - \mu) + n(\overline{X} - \mu)^2$$
$$= -n(\overline{X} - \mu)^2$$

となる。したがって，

$$E(S^2) = E\left(\frac{1}{n}\sum_{k=1}^{n}(X_k - \overline{X})^2\right)$$
$$= E\left(\frac{1}{n}\sum_{k=1}^{n}(X_k - \mu)^2 - (\overline{X} - \mu)^2\right)$$
$$= \frac{1}{n}\sum_{k=1}^{n}E\big((X_k - \mu)^2\big) - E((\overline{X} - \mu)^2) \tag{D.6}$$

である。$\mu = E(X_k)$ であるから，すべての k に対し

$$E\big((X_k - \mu)^2\big) = E\left((X_k - E(X_k))^2\right) = V(X_k) = \sigma^2$$

が成り立つことに注意しよう。さらに $\mu = E(\overline{X})$ でもあったから，

$$E\big((\overline{X} - \mu)^2\big) = E\left((\overline{X} - E(\overline{X}))^2\right) = V(\overline{X})$$

となる。つまり，$\overline{X}$ の（従う分布の）分散が求められればよい。

$$V(\overline{X}) = V\left(\frac{1}{n}\sum_{k=1}^{n} X_k\right)$$

に (D.5) を適用したいのであるが，$X_1, X_2, \cdots, X_n$ が独立であるという保証がないと，注意 D.7 に述べたように Cov に関する面倒な項が残ってしまう。だから $X_1, X_2, \cdots, X_n$ が<u>独立である</u>という仮定をしよう。その下でなら，

$$V(\overline{X}) = \frac{1}{n^2}\sum_{k=1}^{n} V(X_k) = \frac{1}{n^2} \cdot n\sigma^2 = \frac{\sigma^2}{n}$$

となるから，(D.6) に戻って

$$E(S^2) = \frac{1}{n} \cdot n\sigma^2 - \frac{\sigma^2}{n} = \frac{n-1}{n}\sigma^2 \tag{D.7}$$

が得られた。というわけで $E(S^2) \neq \sigma^2$ となって，標本分散 S^2 は母分散 σ^2 の不偏推定量ではない。では何が σ^2 の不偏推定量なのか。それは (D.7) から直ちにわかる。

$$E\left(\frac{n}{n-1} \cdot S^2\right) = \sigma^2$$

だから，

$$\frac{n}{n-1} \cdot S^2 = \frac{n}{n-1} \cdot \frac{1}{n}\sum_{k=1}^{n}(X_k - \overline{X})^2 = \frac{1}{n-1}\sum_{k=1}^{n}(X_k - \overline{X})^2$$

が母分散 σ^2 の不偏推定量である。我々はこの量に**不偏分散**（unbiased variance）という名前をつけて U^2 と記そう。

不偏分散

母分散が σ^2 であるような母集団分布に<u>独立に</u>従う標本変数 $X_1, X_2, \cdots, X_n$ があるとき，

$$U^2 = \frac{1}{n-1}\sum_{k=1}^{n}(X_k - \overline{X})^2$$

が σ^2 の不偏推定量である。

付録 E

正規分布の平均と分散

第 3.5 節の定義に基づいて，正規分布に従う確率変数 X の平均 $E(X)$ と分散 $V(X)$ を求めよう．最初にひとつ準備をしておく．

$$\int_{-\infty}^{\infty} e^{-x^2/2}\,dx = \sqrt{2\pi} \tag{E.1}$$

第 4 章で説明したように，(E.1) の被積分関数は初等関数表示による原始関数をもたないので，微積分学の基本定理によって積分を実行することはできない．しかし，重積分を用いると簡単に計算できる．(E.1) 左辺を I とおくと，

$$\begin{aligned}
I^2 &= \left(\int_{-\infty}^{\infty} e^{-\frac{x^2}{2}}\,dx\right) \cdot \left(\int_{-\infty}^{\infty} e^{-\frac{y^2}{2}}\,dy\right) \\
&= \lim_{a \to \infty} \iint_{D_a} e^{-\frac{x^2+y^2}{2}}\,dxdy
\end{aligned}$$

と考えることができる．ここで原点中心，半径 a $(a > 0)$ の閉円板を

$$D_a = \{(x,y)\,|\,x^2 + y^2 \leqq a^2\}$$

とした．$x = r\cos\theta$, $y = r\sin\theta$ と極座標変換すれば，

$$\begin{aligned}
I^2 &= \lim_{a \to \infty} \iint_{0 \leqq r \leqq a,\, 0 \leqq \theta \leqq 2\pi} e^{-\frac{r^2}{2}} r\,drd\theta \\
&= \lim_{a \to \infty} \int_0^{2\pi} d\theta \int_0^a e^{-\frac{r^2}{2}} r\,dr \\
&= 2\pi \lim_{a \to \infty} \left[-e^{-r^2/2}\right]_0^a = 2\pi
\end{aligned}$$

となるので，(E.1) が得られた．

さて，第 3 章定義 3.10 より

$$
\begin{aligned}
E(X) &= \int_{-\infty}^{\infty} x \cdot \frac{1}{\sqrt{2\pi}\,\sigma} e^{-\frac{1}{2}\left(\frac{x-\mu}{\sigma}\right)^2} dx \\
&= \int_{-\infty}^{\infty} (x-\mu+\mu) \cdot \frac{1}{\sqrt{2\pi}\,\sigma} e^{-\frac{1}{2}\left(\frac{x-\mu}{\sigma}\right)^2} dx \\
&= \int_{-\infty}^{\infty} (x-\mu) \cdot \frac{1}{\sqrt{2\pi}\,\sigma} e^{-\frac{1}{2}\left(\frac{x-\mu}{\sigma}\right)^2} dx \\
&\quad + \int_{-\infty}^{\infty} \mu \cdot \frac{1}{\sqrt{2\pi}\,\sigma} e^{-\frac{1}{2}\left(\frac{x-\mu}{\sigma}\right)^2} dx
\end{aligned}
$$

となるが，最終式第 1 項の積分は

$$
= \left[\frac{-1}{\sqrt{2\pi}} e^{-\frac{1}{2}\left(\frac{x-\mu}{\sigma}\right)^2} \right]_{-\infty}^{\infty} = 0
$$

であり，第 2 項の積分は $(x-\mu)/\sigma = t$ と置換すると，

$$
= \frac{\mu}{\sqrt{2\pi}} \int_{-\infty}^{\infty} e^{-t^2/2} dt = \mu
$$

となる。これで

$$E(X) = \mu$$

がわかった。次に，第 3 章定義 3.12 に基づいて

$$
\begin{aligned}
V(X) &= \int_{-\infty}^{\infty} (x-\mu)^2 \cdot \frac{1}{\sqrt{2\pi}\,\sigma} e^{-\frac{1}{2}\left(\frac{x-\mu}{\sigma}\right)^2} dx \\
&= \frac{\sigma}{\sqrt{2\pi}} \int_{-\infty}^{\infty} (x-\mu) \cdot \left\{ -e^{-\frac{1}{2}\left(\frac{x-\mu}{\sigma}\right)^2} \right\}' dx \\
&= \frac{\sigma}{\sqrt{2\pi}} \int_{-\infty}^{\infty} e^{-\frac{1}{2}\left(\frac{x-\mu}{\sigma}\right)^2} dx \\
&= \sigma^2
\end{aligned}
$$

も得られる[*1]。

[*1] 途中の部分積分で $\lim_{t \to \pm\infty} t/e^{t^2} = 0$ の類の性質を用いている。

付録 F
ガンマ関数とベータ関数

　第5章で χ^2 分布，t 分布，F 分布の確率密度関数を紹介したとき，その中にガンマ関数とかベータ関数と呼ばれる関数が現れた．実は，統計学にはガンマ関数がよく現れる．なぜなら，**ガンマ関数は階乗を一般化した関数**だからである．以下で解説することはすべて大数学者オイラー[*1]が既に考えたことである．

　x, m を正の整数として，$(x-1)!$ を次のように巧妙に変形する．

$$(x-1)! = \frac{x!}{x} = \frac{1}{x} \cdot \frac{(x+m)!}{(x+1)(x+2)\cdots(x+m)}$$

$$= \frac{1 \cdot 2 \cdot \cdots \cdot m}{x(x+1)(x+2)\cdots(x+m)} \cdot m^x$$

$$\times \left[\frac{m+1}{m} \cdot \frac{m+2}{m} \cdots \frac{m+x}{m} \right].$$

ここで x を固定して $m \to \infty$ とすると，[ ] 内は1に収束するから

$$(x-1)! = \lim_{m \to \infty} \frac{m! \, m^x}{x(x+1)(x+2)\cdots(x+m)} \tag{F.1}$$

を得る．改めて (F.1) 右辺をよく見てみると，x が整数でなくてもこの式は意味をもつことがわかる．これは**解析的階乗**と呼ばれ，(F.1) をもって**ガンマ関数**を

$$\Gamma(x) = \lim_{m \to \infty} \frac{m! \, m^x}{x(x+1)(x+2)\cdots(x+m)} \quad (= (x-1)!) \tag{F.2}$$

[*1] Leonhard Euler (1707-1783)．スイスのバーゼル生まれ．多産な数学者で，その影響は現代数学の広汎に渡り，全集は未だ完結していない．

と定義する。(F.2) の収束域は 0 以下の整数を除いた実数全部である。

もう一度 $x = n$ を正の整数に戻せば，

$$\Gamma(n) = (n-1)!$$

となり，確かに $\Gamma(x)$ が階乗を一般化していることがわかる。また，

$$\begin{aligned}\Gamma(x+1) &= \lim_{m\to\infty}\frac{m!\,m^{x+1}}{(x+1)\cdots(x+m)(x+m+1)} \\ &= \lim_{m\to\infty}\left\{\frac{mx}{m+x+1}\cdot\frac{m!\,m^x}{x(x+1)\cdots(x+m)}\right\} \\ &= x\,\Gamma(x)\end{aligned}$$

という漸化式が得られるが，これは正整数の階乗の定義 $n! = n\cdot(n-1)!$ をそのまま拡張したものになっている。

オイラーは，ガンマ関数を次のラプラス変換の形の積分

$$\Gamma(x) = \int_0^\infty e^{-t}\,t^{x-1}\,dt \quad (x>0) \tag{F.3}$$

でも定義した[*2]。(F.2) と (F.3) とが実は一致することはもちろんきちんと示さなくてはいけないことであるが，省略する。

ベータ関数はやはり積分によって

$$B(x,y) = \int_0^1 t^{x-1}(1-t)^{y-1}\,dt \quad (x,y>0)$$

と定義される。オイラーは

$$B(x,y) = \frac{\Gamma(x)\Gamma(y)}{\Gamma(x+y)}$$

という関係があることも発見した。この関係から，<u>ベータ関数の逆数は組合せの一般化になっている</u>ことがわかる。

階乗に関係がある 2 項分布の連続極限として正規分布が得られ，そこから派生する分布が密度関数に Γ 関数を含むことは自然な成り行きなのである。

[*2] (F.3) はちゃんと収束する。

付録 G

線型合同法による擬似乱数の周期

本稿は，数学もしくはそれに近い専攻の学生向けに書いている。

$$x_{n+1} \equiv ax_n + b \pmod{m}, \quad n = 0, 1, 2, \cdots \tag{G.1}$$

において，特に $m = 2^e$ ($e \geq 3$) のときに自然数 a, b をどのように設定すれば最大周期の列が得られるかを説明する。

(G.1) において，x_n は m で割った余り $0, 1, \cdots, m-1$ の中から取る。剰余類環 $\mathbb{Z}/m\mathbb{Z}$ において $a \in \mathbb{Z}$ を含む合同類を $\overline{a}$ で表すとき，(G.1) は $\mathbb{Z}/m\mathbb{Z} = \{\overline{0}, \overline{1}, \cdots, \overline{m-1}\}$ 上の漸化式

$$\overline{x_{n+1}} = \overline{a} \cdot \overline{x_n} + \overline{b} \tag{G.2}$$

と同じことである。

命題

$m = 2^e$ ($e \geq 3$) のとき，(G.1) もしくは (G.2) で定義される数列 $\{x_n\}$ が初期値 x_0 に無関係に最大周期 2^e をもつための必要十分条件は，$a \equiv 1 \pmod{4}$ かつ b が奇数であることである。

証明 必要性) 以下，剰余類環 $\mathbb{Z}/2^e\mathbb{Z}$ の単数群を $(\mathbb{Z}/2^e\mathbb{Z})^\times$ で表す。最大周期 2^e をもつなら，剰余環 $\mathbb{Z}/2^e\mathbb{Z}$ 上で考えた1次関数 $y = ax + b$ が全単射になる[*1]。a が偶数では全射にならないことは明らかであるから，a は

[*1] 注意として，このことの逆は成り立たない。例えば $x_{n+1} \equiv 3x_n \pmod{8}$ で定義される数列 $\{x_n\}$ は，初項 $x_0 \neq 0, 4$ ならば周期は2であるが，剰余環 $\mathbb{Z}/8\mathbb{Z}$ 上の1次関数 $y = 3x$ は全単射である。

奇数でなければならない．このとき，一般に

$$x_n \equiv a^n x_0 + b(1 + a + \cdots + a^{n-1}), \quad n = 1, 2, 3, \cdots \tag{G.3}$$

と表せる．ところで，

$$(\mathbb{Z}/2^e\mathbb{Z})^\times \cong \mathbb{Z}/2^{e-2}\mathbb{Z} \times \mathbb{Z}/2\mathbb{Z}$$

であるから，$(\mathbb{Z}/2^e\mathbb{Z})^\times$ は位数 2^{e-2} の巡回群と位数 2 の巡回群の直積に同型であり，$\overline{3}, \overline{5}, \overline{11}, \overline{13}, \overline{19}, \overline{21}, \cdots$ などが最大位数 2^{e-2} をもつ．$\overline{a} \in (\mathbb{Z}/2^e\mathbb{Z})^\times$ なので，

$$\begin{aligned} x_{2^{e-1}} &\equiv a^{2^{e-1}} x_0 + b(1 + a + \cdots + a^{2^{e-1}-1}) \\ &\equiv x_0 + b(1 + a + \cdots + a^{2^{e-1}-1}) \pmod{2^e} \end{aligned} \tag{G.4}$$

となるが，$\overline{a}$ の位数は最大でも 2^{e-2} であるから，上式第 2 項について

$$\begin{aligned} 1 + a + \cdots + a^{2^{e-1}-1} &= 1 + a + \cdots + a^{2^{e-2}-1} \\ &\quad + a^{2^{e-2}}(1 + a + \cdots + a^{2^{e-2}-1}) \\ &\equiv 2(1 + a + \cdots + a^{2^{e-2}-1}) \pmod{2^e} \end{aligned}$$

となる．一方，

$$(1 - a)(1 + a + \cdots + a^{2^{e-2}-1}) = 1 - a^{2^{e-2}} \equiv 0 \pmod{2^e}$$

に注意すると，$a \equiv 3 \pmod{4}$ なら $2 \| 1 - a$ であるから，$1 + a + \cdots + a^{2^{e-2}-1} \equiv 0 \pmod{2^{e-1}}$ がわかる．ゆえに $1 + a + \cdots + a^{2^{e-1}-1} \equiv 0 \pmod{2^e}$ であり，したがって (G.4) において b の値にかかわらず

$$x_{2^{e-1}} \equiv x_0 \pmod{2^e}$$

となって，$\{x_n\}$ は最大周期の半分で循環を始める．

残るは $a \equiv 1 \pmod 4$ であるが，この場合は少々精密な考察を要する．$\ell \geq 2$ として $a \equiv 1 \pmod{2^\ell}$ かつ $\not\equiv 1 \pmod{2^{\ell+1}}$ とおく．すなわち，$a = 1 + 2^\ell u$ と書いたとき，$2 \nmid u$ ということである．このとき，一般に

$a^{2^k} \equiv 1 \pmod{2^{\ell+k}}$ かつ $\not\equiv 1 \pmod{2^{\ell+k+1}}$ であることが容易にわかるから,

$$(1-a)(1+a+\cdots+a^{2^{e-1}-1}) = 1 - a^{2^{e-1}} \equiv 0 \pmod{2^{\ell+e-1}}$$

において, $2^{e-1} \| 1+a+\cdots+a^{2^{e-1}-1}$ となる。(G.4) に戻すと, b が偶数だとやはり最大周期の半分で循環してしまうことがわかる。以上により, $a \equiv 1 \pmod{4}$ かつ b が奇数であることが必要条件であることがわかった。

十分性) (G.3) において, $i \geqq j \geqq 1$ として $x_i \equiv x_j$ であるとすると,

$$(a^{i-j} - 1)x_0 \equiv -b(1 + \cdots + a^{i-j-1}) \pmod{2^e}$$

から直ちに $i = j$ が導かれる[*2]。同様に, $x_i \equiv x_0 \pmod{2^e}$ は $i \geqq 1$ では成り立たないこともわかる。したがって, (G.3) の x_n はすべて異なる。すなわち, 数列 $\{x_n\}$ は最大周期をもっている。∎

線型合同法による擬似乱数発生法はコンピュータの発達に伴って次第にその欠点が明らかになったが, その後, 松本眞氏 (広島大学) によって Mersenne Twister (MT) およびその改良版である SFMT が考案され, 次第にその性能の高さが広く認知されつつある。

[*2] $i > j$ のとき, 左辺は偶数, 右辺は奇数となって矛盾する。

付録 H

ピアソンの離散型 χ^2 値

第8.8節で，観測度数と期待度数の違いから定義されるピアソンの χ^2 値が本来の連続型 χ^2 分布で近似されることを利用したが，その理由を大づかみに説明しておこう．

簡単のため，次のような観測結果が得られているとしよう．全部で n 回の観測を行い，観測データは交わりのない2個のクラス A_1, A_2 のいずれかに分かれていて，理論上は A_1 が得られる確率が p であるものとする．

クラス	A_1	A_2	計
観測度数	X	$n-X$	n
期待度数	np	$n(1-p)$	n

これは，属性 A_1 をもつものともたないものとに2分されており，ある個体が属性 A_1 をもつ確率が p であるような母集団から，n 個の標本を取り出したのだと考えられる．このとき，属性 A_1 をもつものの個数 X が従う分布が2項分布 $B(n,p)$ であった．観測回数 n が十分大きければ，ド・モワブル-ラプラスの定理によって，$B(n,p)$ は正規分布 $N(np, np(1-p))$ で近似される．標準化された

$$Z = \frac{X - np}{\sqrt{np(1-p)}}$$

は標準正規分布 $N(0, 1^2)$ に従うから，本来の χ^2 分布の定義（第5.1節）に基づいて，

$$Z^2 = \frac{(X-np)^2}{np(1-p)}$$

は自由度1の χ^2 分布に従う．

ここで $p+q=1$ と置いて，Z^2 を次のように巧妙に変形する．q は属性 A_2 をもつ確率ということになる．

$$Z^2 = \frac{(p+q)(X-np)^2}{npq}$$
$$= \frac{q(X-np)^2}{npq} + \frac{p(np-X)^2}{npq}$$
$$= \frac{(X-np)^2}{np} + \frac{(n(1-q)-X)^2}{nq}$$
$$= \frac{(X-np)^2}{np} + \frac{(n-X-nq)^2}{nq}.$$

最後の式は，A_1, A_2 についてピアソンの χ^2 値を構成していることに他ならない．項はふたつに増えたが，もともとは単項 Z^2 を変形しただけであるから，自由度は1のままであることも明らかだろう．この Z^2 が慣習によって χ^2 と記されるのである．

このようにして，ピアソンの χ^2 値が近似的に χ^2 分布に従うことや，自由度が1減ることが（類推によって）わかる．2項分布が正規分布で近似される箇所で観測回数 n が十分大きいことが要請される[*1]ことも納得できるであろう．2項分布を多項分布にすれば一般の場合が得られる．

[*1] 詳しくは参考文献 [4] 定理 6.2 参照．

問・演習問題の解答

第 1 章

問 1.3 隣り合っている点線の長方形に注目して，折れ線からはみ出している三角形と，長方形の外にあるのに折れ線内部に取り込まれてしまった三角形の面積とが等しいことから明らか。

問 1.5 図 1.4 でも縦軸の値は相対度数/10 であるから，階級値 55 の階級の相対度数は $0.017 \times 10 = 0.17$ である。従って，その度数は $0.17 \times 300 = 51$ である。

問 1.9 例題 1.7 (1) の最頻値は 20 点と 80 点，(2) の最頻値は 300 万円。

問 1.10 平均値は共に 5 だが，A は平均値の周りに集中し，B はばらつきが大きい。とても同じ性格のデータとはいえない。

問 1.11 略。連続型確率変数の平均値等はまだ学習していないので，最頻値に関して完全に対称に分布している大量のデータを細かく階級分けしたと考えて欲しい。

問 1.12 (1) 絶対値が 1 より小さい数は 2 乗するとより小さくなり，絶対値が 1 より大きい数は 2 乗すれば大きくなる。たとえば $\overline{x}=1$ のとき，$x_1 = 0.9, x_2 = 4$ のとき，偏差については $x_1 - \overline{x} = -0.1, x_2 - \overline{x} = 3$ であるが，2 乗すると $(x_1 - \overline{x})^2 = 0.01, (x_2 - \overline{x})^2 = 9$ となる。つまり，偏差を 2 乗することによって平均 $\overline{x}$ に近いデータはより近く，遠いデータはより遠くなる。このように遠近を強調する働きがある。

(2) 1000 個のうち 500 個が 0.9，残りの 500 個が 1.1 のデータ A があるとき，その平均は 1 である。$-2, 0, 5$ という 3 個のデータ B の平均も 1 である。単なる偏差 2 乗和は，A については $0.01 \times 1000 = 10$，B については $26/3$ となって A のそれより小さい。このように，いくら平均値の周りへの集中度が高いデータでも，偏差の単なる 2 乗ではデータ数が大きくなるにつれていくらでも大きくなってしまう。

問 1.13 $s_A^2 = 0.4, s_B^2 = 7.2$ となって，B の方が圧倒的にばらつきが大きいことを見事に数値で表現している。

問 1.15 $x_n - \overline{x} = -(x_1 - \overline{x}) - (x_2 - \overline{x}) - \cdots - (x_{n-1} - \overline{x})$.

[演習問題 1]

1 人数が違うのだから 60 点と 70 点では重みが違う。70 点の方が多いのだから，平均値は 65 点より大きい。$\bar{z} = (n \cdot \bar{x} + m \cdot \bar{y})/(n+m)$.

2 このように右側に長く裾を引く分布では，必ず「最頻値 < 中央値 < 平均値」の順になる。

3 $x_1, x_2, \cdots, x_n$ は予め与えられていて，α が変数であることに注意。$S(\alpha) = n\alpha^2 - 2\alpha(x_1 + x_2 + \cdots + x_n) + x_1^2 + x_2^2 + \cdots + x_n^2$ は α の 2 次関数であり，α^2 の係数が正であるから下に凸の放物線である。従って，その頂点で最小値をとるから，$S'(\alpha) = 2n\alpha - 2(x_1 + x_2 + \cdots + x_n) = 0$ となる α が求めるものである。

4 30 人の 1/4 は 7.5 であるから，下から 7 番目と 8 番目の平均をとって $Q_1 = (28+36)/2 = 32$ とする。同様に $Q_3 = 53.5$ となる。よって $Q = 10.75$ である。

第 2 章

問 2.7 最初の等式は例 2.6 と全く同じである。特定の r 個を取ったとき，それを 1 列に並べる方法は $r!$ 通りあるから，${}_nC_r \times r! = {}_nP_r$ が成り立つからである。最後の等式は，分母分子に同時に $(n-r)!$ を掛ければよい。分子は既に n から $\{n-(r-1)\}$ まで掛けてあるから，$(n-r)!$ を掛ければ n から 1 までずーっと掛けることになる。

問 2.10 四郎については読者に任せ，三郎についてのみ説明する。例題 2.9 の記号に加えて，三郎が当たるという事象を C と記すと，太郎が当たるという事象は $A \cap B \cap C$, $A^c \cap B \cap C$, $A \cap B^c \cap C$, $A^c \cap B^c \cap C$ の 4 通りあり，これらは独立である。これらの確率を全部足してみれば，やはり $P(C) = 3/10$ となることがわかる。たとえば，$P(A^c \cap B^c \cap C) = 7/10 \cdot 6/9 \cdot 3/8$ である。

問 2.13 例題 2.12 では 0.05 であった誤診率 $P(B|A^c)$ を x としよう。例題と同様にして，$P(A|B) = \frac{0.07 \times 0.95}{0.07 \times 0.95 + 0.93 \times x} \geq 0.8$ が得られる。これを解くと $x \leq 0.01787$ となるから，誤診率を 1.8% 以下にしなければならない。有病率 1% の病気だと $P(A) = 0.01, P(A^c) = 0.99$ に変わるから，例題と同じ計算をすれば $P(A|B) = 0.16$ を得る。衝撃的な数字である。

問 2.20 3 回出る確率は ${}_6C_3(1/6)^3(5/6)^3 = 4 \cdot 5^4/6^6 = 0.054$，4 回出る確率は ${}_6C_4(1/6)^4(5/6)^2 = 3 \cdot 5^3/6^6 = 0.008$ となる。

[演習問題 2]

1 (1) ${}_nC_r = {}_nC_{n-r}$. (2) x を含める場合の数は，残りの $n-1$ 個から $r-1$ 個を取ればよいから ${}_{n-1}C_{r-1}$ 通り。x を含めない場合は，残りの $n-1$ 個から r 個全部を取ることになるから ${}_{n-1}C_r$ 通り。両者に重なりはないから，${}_nC_r = {}_{n-1}C_{r-1} + {}_{n-1}C_r$ という等式が得られる。(3) n 個から n 個全部を選ぶ方法はもちろん唯ひとつしかない。これを (2.3) に使うと，$1 = {}_nC_n = \frac{n!}{n! \cdot 0!} = \frac{1}{0!}$

となって，$0! = 1$ と定義する以外にないことがわかる。

2 製造ライン A, B, C を使うという事象をそれぞれそのまま同じ記号 A, B, C で，取り出したのが不良品であるという事象を E で表す。目指す確率は $P(C|E)$ である。$P(C|E) = \frac{P(C \cap E)}{P(E)} = \frac{P(C) \cdot P(E|C)}{P(E)}$ であるが，取り出したのが不良品であるのは，それが A, B, C を使って出る場合がそれぞれある。すなわち $P(E) = P(A \cap E) + P(B \cap E) + P(C \cap E)$ である。ここで，例えば $P(A \cap E) = P(A) \cdot P(E|A) = 0.2 \times 0.02$ のようになる。よって，$P(C|E) = \frac{0.5 \times 0.04}{0.2 \times 0.02 + 0.3 \times 0.03 + 0.5 \times 0.04} = 0.606$ である。

3 (1) $X = 0$ となるのは，3 回とも 0 点か，各点を 1 回ずつとるときである。前者の確率は $(1/3)^3$ であり，後者のそれは $(1/3)^3 \times 3!$ である。求める確率は両者の和で，$7/27$ となる。 (2) $X_1 \neq 0$ という事象を F, $X = 0$ という事象を G とすると，$P(G|F) = \frac{P(F \cap G)}{P(F)}$ を知りたい。$P(F) = 2/3$ は明らか。F かつ G であるのは，$1, 0, -1; 1, -1, 0; -1, 0, 1; -1, 1, 0$ の 4 通りあり，その確率は $(1/3)^3 \times 4$ である。ゆえに $P(G|F) = 2/9$ を得る。 (3) 注意 2.14 によって $P(A)P(B) = P(A \cap B)$ が成り立つかどうかを調べる。$P(A) = P(B) = (1/3)^2 \times 3 = 1/3$ は明らかであろう。$A \cap B$ とは $X_1 = X_2 = X_3$ の場合であるから，その確率は $(1/3)^3 \times 3 = 1/9$ である。従って A と B は独立である。

4 (1) 硬貨投げで表が出た場合と裏が出た場合がある。表の場合は袋の中は白 3 個赤 1 個であるから，白 2 個を取り出す確率は $1/2 \times {}_3C_2/{}_4C_2 = 1/4$。裏なら袋の中は白 2 個赤 2 個であるから，白 2 個を取り出す確率は $1/2 \times {}_2C_2/{}_4C_2 = 1/12$ となり，両者は排反な事象であるから，求める確率は $1/4 + 1/12 = 1/3$ となる。 (2) $X = 2$ となる事象を A，硬貨投げで表が出るという事象を T とすると，$P(T|A) = \frac{P(A \cap T)}{P(A)} = (1/4)/(1/3) = 3/4$ となる。

5♯ 確率 $p = 1/2$, 長さ n のベルヌーイ試行で目当ての事象が r $(0 \leq r \leq n)$ 回起こる確率は，${}_nC_r(1/2)^r(1/2)^{n-r} = {}_nC_r(1/2)^n$ である。これを $r = 0$ から $r = n$ まで足せば全事象の確率 $= 1$ になる。従って，$(1/2)^n \sum_{r=0}^n {}_nC_r = 1$ となる。証明すべき式は分母 2^n を払ったものである。【別解】問題の指示を無視すれば，2 項定理を用いた次のような解答も可能である。$(1+1)^n = \sum_{r=0}^n {}_nC_r 1^r \cdot 1^{n-r} = \sum_{r=0}^n {}_nC_r$.

第 3 章

問 **3.6** $1/8 + 3/8 + 3/8 + 1/8 = 1$.

演習問題 3

1
X	0	1	2
P	1/12	7/12	1/3

という確率分布表が作れる。定義に従って，期待値 $E(X) = 0 \times 1/12 + 1 \times 7/12 + 2 \times 1/3 = 5/4$,

分散 $V(X) = (0-5/4)^2 \cdot 1/12 + (1-5/4)^2 \cdot 7/12 + (2-5/4)^2 \cdot 1/3 = 0.354$
となる。

2♯ パラメータ m のポワソン分布の確率関数は $f(x) = e^{-m} \cdot m^x/x!$ であった（第 3.4 節）。ポワソン分布は離散型確率分布であることを再度注意しておこう。後半を先に示してしまう。微積分で学んだ e^x の Taylor 展開は $e^x = \sum_{n=0}^{\infty} x^n/n!$ であった（x はすべての実数）。記号の使い方が違うので，改めて書き直すと，

$$e^m = \sum_{x=0}^{\infty} \frac{m^x}{x!}$$

である。ポワソン分布では $x < 0$ のとき $f(x) = 0$ であることに注意して，

$$\sum_{x=-\infty}^{\infty} f(x) = \sum_{x=0}^{\infty} f(x) = e^{-m} \sum_{x=0}^{\infty} \frac{m^x}{x!} = e^{-m} \cdot e^m = 1$$

を得る。以下ではこの事実を用いる。

$$E(X) = \sum_{x=0}^{\infty} x \cdot f(x) = \sum_{x=0}^{\infty} x \cdot \frac{e^{-m} \cdot m^x}{x!} = \sum_{x=1}^{\infty} x \cdot \frac{e^{-m} \cdot m^x}{x!}$$
$$= m \sum_{x=1}^{\infty} \frac{e^{-m} \cdot m^{x-1}}{(x-1)!} = m \sum_{x=0}^{\infty} \frac{e^{-m} \cdot m^x}{x!} = m \cdot 1 = m$$

となる。また，注意 3.14 より，

$$V(X) = \sum_{x=0}^{\infty} (x - E(X))^2 \cdot f(x) = \sum_{x=0}^{\infty} x^2 \cdot f(x) - E(X)^2$$
$$= \sum_{x=0}^{\infty} x^2 \cdot \frac{e^{-m} \cdot m^x}{x!} - E(X)^2 = \sum_{x=1}^{\infty} x \cdot \frac{e^{-m} \cdot m^x}{(x-1)!} - m^2$$
$$= m \sum_{x=1}^{\infty} x \cdot \frac{e^{-m} \cdot m^{x-1}}{(x-1)!} - m^2$$
$$= m \sum_{x=1}^{\infty} (x-1+1) \cdot \frac{e^{-m} \cdot m^{x-1}}{(x-1)!} - m^2$$
$$= m \sum_{x=1}^{\infty} (x-1) \cdot \frac{e^{-m} \cdot m^{x-1}}{(x-1)!} + m \sum_{x=1}^{\infty} \frac{e^{-m} \cdot m^{x-1}}{(x-1)!} - m^2$$
$$= m \sum_{x=0}^{\infty} x \cdot \frac{e^{-m} \cdot m^x}{x!} + m \sum_{x=0}^{\infty} \frac{e^{-m} \cdot m^x}{x!} - m^2$$
$$= m \cdot E(X) + m \cdot 1 - m^2 = m$$

となって $V(X) = m$ も得られた。

3 (1)
$$\int_{-\infty}^{\infty} f(x)\,dx = \int_0^3 \frac{2}{9}x\,dx = \left[\frac{1}{9}x^2\right]_0^3 = 1.$$

(2)
$$P(1 \leq X \leq 4) = \int_1^4 f(x)\,dx = \int_1^3 \frac{2}{9}x\,dx = \left[\frac{1}{9}x^2\right]_1^3 = \frac{8}{9}.$$

4♯ 連続型のみ証明する。(1) $E(|X|)$ の定義については巻末付録 D を見よ。

$$E(|X|) = \int_{-\infty}^{\infty} |x|f(x)\,dx \geq \int_{-\infty}^{-\lambda\mu} |x|f(x)\,dx + \int_{\lambda\mu}^{\infty} |x|f(x)\,dx$$

$$\geq \int_{-\infty}^{-\lambda\mu} \lambda\mu f(x)\,dx + \int_{\lambda\mu}^{\infty} \lambda\mu f(x)\,dx$$

$$= \lambda\mu \left(\int_{-\infty}^{-\lambda\mu} f(x)\,dx + \int_{\lambda\mu}^{\infty} f(x)\,dx\right) = \lambda\mu P(|X| \geq \lambda\mu).$$

(2)
$$\sigma^2 = V(X) = \int_{-\infty}^{\infty} (x-\mu)^2 f(x)\,dx$$

$$\geq \int_{-\infty}^{\mu-\lambda\sigma} (x-\mu)^2 f(x)\,dx + \int_{\mu+\lambda\sigma}^{\infty} (x-\mu)^2 f(x)\,dx$$

$$\geq \lambda^2\sigma^2 \left(\int_{-\infty}^{\mu-\lambda\sigma} f(x)\,dx + \int_{\mu+\lambda\sigma}^{\infty} f(x)\,dx\right)$$

$$= \lambda^2\sigma^2 P(|X-\mu| \geq \lambda\sigma).$$

第 4 章

演習問題 4

1 この正規分布の標準偏差を σ とすると，この分布を記号で表せば $N(10, \sigma^2)$ となる。変曲点までの長さが σ だから，$\alpha = \sigma^2 = 4$ である。$Z = (X-10)/2$ によって標準化したものが $N(0, 1^2)$ であった。$\gamma = P(X \geq 14) = P(Z \geq 2) = 0.5 - P(0 \leq Z \leq 2)$ だから，標準正規分布表を読んで $\gamma = 0.5 - 0.4773 = 0.0227$ を得る。$0.10 = P(X \leq \beta) = P(Z \leq (\beta-10)/2) = 0.5 - P((\beta-10)/2 \leq Z \leq 0)$ であり，対称性に注意して標準正規分布表を逆に読めば，$(\beta-10)/2 = -1.2816$ となる（巻末の標準正規分布表からはここまで読めないのでだいたいでよい）。$\beta = 7.44$。

2 $\mu = 120$, $\sigma = 20$ であるから，標準化 $Z = (X-120)/20$ を施せば，$P(0 \leq X \leq a) = P(0 \leq Z \leq (a-120)/20) = 0.475$ という関係が得られる。標準正規分

布表の逆読み部分を参照して $(a-120)/20 = 1.960$ がわかるので，$a = 159.2$ を得る。

[3] 錠剤の重さが従う分布は $N(200, 10^2)$ である。任意に選んだ1個の重さを X mg とすれば，標準化 $Z = (X - 200)/10$ を施すことによって，$P(185 \leq X \leq 215) = P(-1.5 \leq Z \leq 1.5) = 2 \times P(0 \leq Z \leq 1.5) = 2 \times 0.4332 = 0.8664$ となる。

[4] 得点分布は $N(132, 20^2)$ に従うので，標準化 $Z = (X - 132)/20$ を施せば，$P(X \leq 100) = P(Z \leq -1.6) = P(Z \geq 1.6) = 0.5 - P(0 \leq Z \leq 1.6)$ となる。巻末表より $= 0.5 - 0.4452 = 0.0548$ を得るので，不合格者は約 5.5% である。

[5] 寿命の分布は $N(6, 2^2)$ に従う。任意に選んだモーターの寿命を X とするとき，$P(X \leq a) = 0.15$ となる a の値は，$P(Z \leq (a-6)/2) = 0.15$ より $a = 3.9272$ とわかる。つまり，寿命になるモーターの割合が 15% 以下になる最大年数が 3.9272 年なのである。保証期間は年単位なので，4年に定めるのがよい。

[6] ジャムの内容量の分布は $N(980, 25^2)$ に従う。勝手に取ったジャムの内容量を X g とすると，$P(X \geq 1000) = P(Z \geq 0.8) = 0.5 - P(0 \leq Z \leq 0.8) = 0.5 - 0.2881 = 0.2119$ である。$500 \times 0.2119 = 105.95$ より，106個くらいあると考えられる。

第5章

演習問題 5

[1] (1) 6.635 (2) 39.36 (3) 12.40 (4) 14.07 (5) 2.167
[2] (1) 3.250 (2) 1.833 (3) 3.707 (4) 2.447 (5) 2.052
[3] (1) 1.919 (2) 4.207 (3) 2.789 (4) 7.194
[4]♯ ベータ関数については巻末付録 F 参照のこと。簡単のため $F = F(m, n; \alpha)$，$\mathcal{B} = 1/B(m/2, n/2) \cdot (m/n)^{m/2}$ と記す。定義によって，

$$\alpha = \int_F^\infty f_{m,n}(x)\,dx = \int_F^\infty \mathcal{B}\, x^{\frac{m}{2}-1}\left(1 + \frac{m}{n}x\right)^{-\frac{m+n}{2}} dx \quad (*)$$

となるが，ここで $1/x = t$ と置換積分すると，

$$(*) = \int_{1/F}^0 f_{m,n}\left(\frac{1}{t}\right) \cdot \left(-\frac{1}{t^2}\right) dt = \int_0^{1/F} f_{m,n}\left(\frac{1}{t}\right) t^{-2} dt$$

$$= \int_0^{1/F} \mathcal{B}\, t^{-\frac{m}{2}+1}\left(1 + \frac{m}{nt}\right)^{-\frac{m+n}{2}} t^{-2} dt$$

$$= \int_0^{1/F} \mathcal{B} t^{-\frac{m}{2}+1}\left(1+\frac{m}{nt}\right)^{-\frac{m+n}{2}} t^{-2} dt$$

$$= \int_0^{1/F} \frac{1}{B(m/2, n/2)} \left(\frac{n}{m}\right)^{\frac{n}{2}} t^{\frac{n}{2}-1} \left(1+\frac{n}{m}t\right)^{-\frac{m+n}{2}} dt$$

$$= \int_0^{1/F} f_{n,m}(x)\, dx = 1 - \int_{1/F}^{\infty} f_{n,m}(x)\, dx$$

となる．したがって

$$1 - \alpha = \int_{1/F}^{\infty} f_{n,m}(x)\, dx$$

となるが，意味を考えれば，$1/F = F(n, m; 1-\alpha)$ であるから（5.3）が得られた．

⑤♯ 確率密度関数の変換について確かめる必要はないので，注意 5.4 は事実として認めて次の等式が導ければよい．簡単のため $F(1, 5; 0.05) = F$ と略記する．T は自由度 5 の t 分布に従う．

$$0.05 = P(X \geqq F) = P(T^2 \geqq F) = P(T \geqq \sqrt{F}) + P(T \leqq -\sqrt{F}).$$

これは $t_5(0.05) = \sqrt{F}$ ということを主張しているから，この等式を t 分布表から確かめればよい．$t_5(0.05) = 2.571$, $\sqrt{F} = 2.5706$ であるから確かに正しい．

第 6 章

問 6.10 1 回目に当たって 2 回目も当たる確率は 9/9999, 1 回目にはずれて 2 回目は当たる確率は 10/9999 である．

問 6.18 $x_1 \equiv 5 \cdot 2 + 1 = 11 \pmod{32}$, $x_2 \equiv 5 \cdot 11 + 1 \equiv 24 \pmod{32}$, $x_3 \equiv 5 \cdot 24 + 1 \equiv 25 \pmod{32}$.

演習問題 6

① 弱い中心極限定理により，$\overline{X}$ は正規分布 $N(\mu, \sigma^2/10)$ に従う．標準偏差は $\sigma/\sqrt{10}$．

② 標本数が 300 と大きいので，一般の中心極限定理より，$\overline{X}$ は近似的に正規分布 $N(\mu, \sigma^2/300)$ に従う．標準偏差は $\sigma/\sqrt{300}$ である．

③ 標本が少なく，母集団分布の情報もないので，何もわからない．

④ $x_{n+1} \equiv ax_n + b \pmod{2^k}$ だから，a, b が共に奇数なら $x_{n+1} \equiv ax_n + b \equiv x_n + 1 \pmod 2$ である．これは x_{n+1} と x_n の偶奇が異なることを示している．

⑤ $x_1 = 237360$, $x_2 = 374497$, $x_3 = 353638$.

⑥ 明らか．X 町の住民数を x とすると，1 回の単純無作為抽出で特定の住民 ω が選ばれる確率は $1/x$ である．一方，人口数に応じた確率に従って a 町が選ばれる確

率は $5/10 = 1/2$ であり，a 町の住民 $x/2$ 人から ω が選ばれる確率は $2/x$ だから，2 段抽出で ω が選ばれる確率は乗法定理によって $(1/2)\cdot(2/x) = 1/x$ となって一致する．

第 7 章

問 7.8 第 2.3 節の独立性を確かめればよい．$X_1 = 1$ の下で $X_2 = 1$ となる確率と，単に $X_2 = 1$ となる確率が異なるのは明らかだから独立ではない．また，$P(X_1 = 1) \neq P(X_2 = 1)$ だから X_1 と X_2 が従う確率分布が違うのも明らか．

問 7.10 第 4 章の繰り返しなので略．

問 7.13 注意 7.6 より，$S^2/(n-1) = U^2/n$ なのだから明らか．

問 7.19 標本分散 S^2 の定義と注意 7.6 から明らか．

[演習問題 7]

$\boxed{1}$ 信頼度はいくつであっても同じである．信頼区間を求めるときのプロセスから，$|\bar{x} - \mu| \leq z\cdot\sigma/\sqrt{n}$ という形の不等式が得られるから（信頼度が 95% なら $z = 1.96$)，信頼区間の幅は $2z\cdot\sigma/\sqrt{n}$ である．これを 1 桁小さくするということは $1/10$ にするということだから，標本数 n を 100 倍にしなければならない．

$\boxed{2}$ 標準誤差とは標本平均の分布の標準偏差 $\sigma/\sqrt{n}$ のことであった．問題文が情けないのでよくわからない面もあるが，a と b は違うということがわかるだろう．それにしても，a の「個々の」というのはなんだかよくわからない．ばらつきというのは全体を見て言うこと．b の主語が標準誤差に変われば正しい主張である．c は一般の中心極限定理を述べたもので正しい．

$\boxed{3}$ 母集団は，このチョコレートを 18 週間摂取したと仮定した血圧が高めの成人全体である．このような測定値は正規分布に従うとみなしてよい．母標準偏差は不明なので t 分布を利用する．$t_{24}(0.05) = 2.064$ だから，(7.6) を使って $3 - 2.064 \times 1.5/\sqrt{25} \leq \mu \leq 3 - 2.064 \times 1.5/\sqrt{25}$ より $2.38 \leq \mu \leq 3.62$ を得る．

$\boxed{4}$ 母集団はすべての不眠症患者である．σ は不明なので t 推定する．$t_{49}(0.05) = 2.01$ を t を t 分布表で確認して，(7.6) より $3.6 - 2.01 \times 1/\sqrt{49} \leq \mu \leq 3.6 + 2.01 \times 1/\sqrt{49}$ となる．ゆえに $3.31\mu \leq 3.89$ を得るが，95% 信頼区間の上限が 4 時間に満たないので，この宣伝文句は誇大広告の疑いがある．

$\boxed{5}$ (7.7) 式に標本比率 $\bar{p} = 193/3322$ を代入して計算すると，$0.05 \leq p \leq 0.066$ が得られる．

$\boxed{6}$ 弱い中心極限定理より，標本平均 $\bar{X}$ の従う分布は $N(170, 25^2/25) = N(170, 5^2)$ である．正規分布表から $I(2.0) = 0.4773$ を読み取っておく．標準化した z が $|z| \leq 2$ を満たす確率がほぼ $0.4773 \times 2 = 95.5\%$ である．すなわち，$170 - 2\times 5 \leq \mu \leq 170 + 2\times 5$ となる確率が 95.5% であるから，1 が正しい．ち

なみに，確率というのは 0 以上 1 以下の実数値のことであるから，確率 95% というような言い方は厳密には正しくない．% は割合であって確率ではないから．巷では常用されているのでうるさいことは言わないが．

7 母集団は，ある疾患に罹って特定の治療を施されたマウスの全体である．標本生存率 $\overline{p} = 9/13$ を (7.7) 式に代入して計算すると，$0.61 \leq p \leq 0.77$ が得られる．

8 母分散が不明なので t 分布を使おうと思っても，t 分布表には $n = 300$ の項は載っていない．標本がこのくらい大きいときは，σ の代わりに s で代用して正規分布表を使って構わない．標本平均 $\overline{X}$ は正規分布 $N(\mu, 7^2/300)$ に従うから，標準化した $Z = (\overline{X}-\mu)/(7/\sqrt{300})$ は $N(0, 1^2)$ に従う．$P(|\overline{X}-\mu| \leq 1) = P(7|Z|/\sqrt{300} \leq 1) = P(|Z| \leq \sqrt{300}/7) = P(|Z| \leq 2.47) = 0.4932 \times 2 = 0.986$ となるから，98.6% の確信度でそのように言える．

9 (7.6) を使って $1.1 - t_{14}(0.05) \times 1.6/\sqrt{15} \leq \mu \leq 1.1 + t_{14}(0.05) \times 1.6/\sqrt{15}$ より，$0.21 \leq \mu \leq 1.99$ を得る．下限が $0.21 > 0$ ゆえ，新薬は効果があったといえる．信頼度を 99% に上げると，上式で $t_{14}(0.01) = 2.977$ に代えて計算し直して，$-0.13 \leq \mu \leq 2.33$ となる．下限が負になったので効果があったとはいえない．

10 4 個のデータについて，$\overline{x} = 121, u^2 = 78$ と計算できる．4 回分析したというのは，大きさ 4 の標本をとったということである．$t_9(0.05) = 2.262$ と (7.6) より $111.0 \leq \mu \leq 131.0$ となる．母分散については，$\chi^2(3; 0.025) = 9.348, \chi^2(3; 0.975) = 0.2158$ と (7.9) 式を使うのだが，$ns^2 = (n-1)u^2 = 234$ に注意．したがって，$25.03 \leq \sigma^2 \leq 1084.34$ となる．かなり大きいが仕方がない．

第 8 章

問 **8.5** $* = 0.6/\sqrt{30}$.

問 **8.14** 例題 8.15 の冒頭に答が書いてある．

問 **8.16** $F(19, 9; 0.025)$ を求めるには，横軸の $m = 15$ と $m = 20$ の間を直線だと思って $m = 19$ の値を推定する．直線の傾きを求めるのと同じ要領で，$3.667 + (3.769 - 3.667)/5 = 3.6874$ とする．

問 **8.18** 弱い中心極限定理は，すべての X_i が同一の正規分布 $N(\mu, \sigma^2)$ に従うときの，標本平均 $\overline{X}$ が従う分布について述べたものである．すべての $a_i = 1/n, \mu_i = \mu, \sigma_i = \sigma$ の場合に当たる．これらを正規分布の再生性の結果に代入して計算すれば，直ちに $\overline{X}$ が $N(\mu, \sigma^2/n)$ に従うことがわかる．

問 **8.21** 略．

問 **8.26** 観測度数の総和と期待度数の総和は共に実験（観測）回数に等しいから．

問 **8.27** $\chi^2 \geq 0$ であり，$\chi^2 = 0$ となるのはすべての分子が 0 のとき，すなわち，すべての観測度数が期待度数に一致しているとき．

問 **8.30** $\sum_{i=1}^{k}(x_{i1} - a_i b_1/n) = \sum_{i=1}^{k} x_{i1} - (b_1/n)\sum_{i=1}^{k} a_i = b_1 - b_1 = 0$.

問 8.32 定義から計算した χ^2 値の第 1 項を見てみる。その分子は，

$$\left\{a - \frac{(a+b)(a+c)}{n}\right\}^2 = \left\{\frac{a(a+b+c+d)}{n} - \frac{(a+b)(a+c)}{n}\right\}^2 = \frac{(ad-bc)^2}{n^2}$$

となり，他の 3 項もすべて同じ。したがって，

$$\chi^2 = \frac{(ad-bc)^2}{n}\left\{\frac{1}{(a+b)(a+c)} + \frac{1}{(a+b)(b+d)}\right.$$
$$\left. + \frac{1}{(a+c)(c+d)} + \frac{1}{(b+d)(c+d)}\right\}$$
$$= \frac{(ad-bc)^2}{n}\left\{\frac{(c+d)(b+d) + (c+d)(a+c) + (a+b)(b+d) + (a+b)(a+c)}{(a+b)(c+d)(a+c)(b+d)}\right\}$$
$$= \frac{(ad-bc)^2}{n}\left\{\frac{(a+b+c+d)(b+d) + (a+b+c+d)(a+c)}{(a+b)(c+d)(a+c)(b+d)}\right\}$$
$$= \frac{(ad-bc)^2}{n}\left\{\frac{(a+b+c+d)^2}{(a+b)(c+d)(a+c)(b+d)}\right\} = (8.8).$$

問 8.36 これは聞き取り調査であって，実は非服用者の中には認識のないまま服用していた母親がいた可能性は否定できない。しかし，そんなことを無視しても奇形はある割合では発生するものである。そのためには非服用者だけを見ていてはだめで，服用者と比率を比較しなければならない。仮に服用・非服用が奇形児出産と無関係なら，たとえば服用者の奇形児出産の理論度数は $92 \times 112/300 \fallingdotseq 34$ 人程度に，非服用者のそれは $208 \times 112/300 \fallingdotseq 78$ 人程度にならなければおかしい。

演習問題 8

1 (1) $z = (82-86)/(16/\sqrt{100}) = -2.5 < -1.96$ ゆえ，H_0 は棄却される。

(2) $z = (82-86)/(16/\sqrt{25}) = -1.25 > -1.96$ ゆえ，H_0 は棄却されない。標本数以外の数値は同じにして，標本数だけを k 倍にすると z の値は $\sqrt{k}$ 倍になる。つまり，標準正規分布で原点から遠い値になるので，棄却されやすくなる。すべては，標本平均の分布 $N(\mu, \sigma^2/n)$ において，標本数 n が大きくなるほど分散が小さくなって μ の周りに集中するようになることにある。同じ $\bar{x} = 82$ であっても，(1) の 82 は中心から遠く，珍しい値になるのである。図 6.1 も参照せよ。

2 母集団は生後 6 週目のすべての雄のマウスである。帰無仮説 H_0 は「体重増加に効果がない（体重は変わらない）」，対立仮説 H_1 は「効果がある（体重が増えた）」であるから，右片側検定をする。データから，$\bar{x} = 25.25$, $u^2 = 3.93$ と求まる。

$t = (25.25 - 25)/\sqrt{3.93/8} = 0.36$ となるから, $t_7(0.10) = 1.895$ と比較して, H_0 は棄却されない. すなわち, 体重増加に効果があるとはいえない.

3 (1) $z = (98 - 100)/(4/\sqrt{25}) = -2.5 < -1.645$ であるから H_0 は棄却される.
(2) $z = (\overline{x} - 100)/(4/\sqrt{25}) > -1.645$ なら棄却されない. $z > 98.684$.

4 (1) $H_0 : \mu = \mu_0$ のはず. H_0 が正しくないのに H_0 を受容してしまった第2種の誤り. (2) $H_0 :$「両者は無関係」のはず. H_0 が正しくないのに H_0 を受容してしまった第2種の誤り. (3) $H_0 : p_1 = p_2$ のはず. H_0 が正しいのに棄却した第1種の誤り.

5 H_0 が正しいという仮説の下で $\overline{X}$ は $N(20, \sigma^2/16)$ に従うから, それを同じ記号 H_0 として描いたのが下図である. 標準化した $Z = (\overline{X} - 20)/(\sigma/4)$ は $N(0, 1^2)$ に従う. その上側 5% 点は 1.645 であるから, 図の 5% 棄却点は $20 + 1.645 \cdot \sigma/4$ である. 対立仮説は $H_1 : \mu > 20$ であるが, その中に真実 $\tilde{H}_1 : \mu = 20 + \sigma/3$ がある. それを標準化した分布を同じ記号 $\tilde{H}_1$ で描いてある. つまり, 本当は $\overline{X}$ は $N(20 + \sigma/3, \sigma^2/16)$ に従うのである.

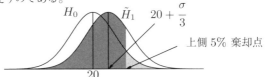

したがって, 図の濃い灰色の部分に実現値 $\overline{x}$ が落ちるとき, 第2種の誤りを犯すことになる. それを $\tilde{H}_1$ の方で標準化して考えると,

$$z = \frac{(20 + 1.645 \cdot \sigma/4) - (20 + \sigma/3)}{\sigma/4} = 0.31$$

となる. ゆえに, $N(0, 1^2)$ で確率 $P(Z \leq 0.31)$ を求めればよい. 正規分布表を読んで, $0.5 + 0.118 = 0.618$ となる.

6 t 分布は母集団の正規性を仮定するパラメトリック検定だから a は正しい. ノンパラメトリック検定は, 分布の形に仮定を置かないので b は誤り. 独立性の検定に χ^2 分布を利用しているので c は正しい. 有意水準とは第1種の誤りを犯す確率, すなわち正しい帰無仮説を棄却してしまう誤り確率だから d は正しくない.

7 Tukey 法については本書ではほとんど触れていないが, それでも第 8.7 節を読んだだけで答えられるであろう. 1 は正しい. 2 は Dunnett 法の説明なので誤り. Tukey 法は等分散検定の延長にあるから 3 は正しくない. 母分散が等しくないときの検定には Welch の検定がある. Tukey 法はパラメトリック法であるから 4 は誤りで 5 が正しい.

8 誤りである. 有意水準は帰無仮説を誤って棄却してしまう確率のことであり, 帰無仮説は「2 群間には差がない」である. 従って, 両群間に差がないのに, あると判

断してしまう危険が 20 回に 1 回であるというのが正しい。

9 母平均の差の検定に用いるのは t 分布であった。正しいのはひとつなので 3 が正解。1 を知らなくても問題はない。

10 第 8.6 節で学んだ母比率検定を用いる。母集団は，ある都市の 40 歳以上の住民全体である。その中で呼吸器機能に問題がある人の割合を p とすると，帰無仮説は $H_0 : p = 0.086$ である。対立仮説は $H_1 : p > 0.086$ である。標本比率 $\bar{p} = 66/600 = 0.11$ である。H_0 の下で $z = (0.11 - 0.086)/\sqrt{0.086(1 - 0.086)/600} = 2.0968$ が $N(0, 1^2)$ の中にいる。上側 5% 棄却点は 1.645 だから z は棄却域に落ち，H_0 は棄却される。すなわち，この都市の比率は全国より高いといってよい。

11 非罹患率について等比率検定をしよう。処理群の標本比率は $\bar{p}_1 = 105/407$，対照群のそれは $\bar{p}_2 = 76/411$ である。処理群に対する母集団は，ビタミン C を大量に摂取したすべての人，対照群の母集団はビタミン C を摂らない人全部である。風邪予防に効果があることを調べたいのだから，それぞれの母比率に対し，$H_0 : p_1 = p_2$，対立仮説は $H_1 : p_1 > p_2$ となるので，有意水準 5% の上側検定である。$\hat{p} = (105 + 76)/(407 + 411) = 181/818$ と (8.3) より，$z = 2.517$ が $N(0, 1^2)$ の中にある。$z > 1.645$ だから H_0 は棄却され，ビタミン C 摂取は風邪予防に効果があるといえる。

12 $U^2 = nS^2/(n-1)$ の関係に注意して，まず等分散検定をしよう。(8.1) の実現値は $F = (6/5) \cdot 0.02^2/(5/4) \cdot 0.03^2 = 0.426$ である。これが自由度 $(5, 4)$ の F 分布の中にある。$F(5, 4; 0.025) = 9.364$，$F(5, 4; 0.975) = 1/F(4, 5; 0.025) = 1/7.388 = 0.135$ であるから，F は棄却域に落ちない。したがって，両薬品の pH の分布において，$\sigma_1^2 = \sigma_2^2$ とみなしてよい。さて，帰無仮説 $H_0 : \mu_1 = \mu_2$ の下で (8.2) の実現値を計算すると，$t = 13.12$ となり，これが自由度 9 の t 分布に従う。単に差があるかどうかを検定したいので，有意水準 5% の両側検定をする。$t > 2.262$ となるので，等平均仮説 H_0 は棄却され，pH には差がある。

13 前問同様，等分散検定をまずする。処理群と対照群で標本数が同じなので，$F = S_1^2/S_2^2 = 10^2/7^2 = 2.04$ と計算できる。この値が自由度 $(9, 9)$ の F 分布の中にある。$F(9, 9; 0.025) = 4.026$，$F(9, 9; 0.975) = 1/F(9, 9; 0.025) = 0.248$ であるから，実現値 F は棄却域に落ちない。ゆえに分散に有意差はないとみなしてよく，$\sigma_1^2 = \sigma_2^2$ と仮定できる。帰無仮説 $H_0 : \mu_1 = \mu_2$ の下で $t = (7 - 4)/\sqrt{(1/10 + 1/10) \cdot (10 \cdot 10^2 + 10 \cdot 7^2)/18} = 0.737$ が自由度 18 の t 分布の中にある。意味を考えれば，対立仮説は $H_1 : \mu_1 > \mu_2$ の上側検定である。したがって上側だけで 5% とり，$t_{18}(0.10) = 1.734$ より実現値 t は棄却域には落ちない。よって，新薬の方が効果が高いとはいえない。

14 2×2 ではない独立性の検定である。自由度は $(2-1)(4-1) = 3$ で，$\chi^2 = 1.198 < 7.815 = \chi^2(3; 0.05)$ となり，帰無仮説は棄却されない。すなわち，男

女の間で血液型の分布に差があるとはいえない。

15 帰無仮説 H_0：「その薬とプラセボは効果に差がない」であるが，もちろん当の製薬会社にとっては棄却されて欲しい仮説である。

$$\chi^2 = \frac{164\,(50 \cdot 38 - 32 \cdot 44)^2}{94 \cdot 70 \cdot 82 \cdot 82} = 0.897264$$

となるが，$\chi^2(1; 0.05) = 3.841$ であるから H_0 は棄却されない。残念ながら，この薬が風邪に効くとはいえない。

16 帰無仮説 H_0：「理論比と一致している」と立てる。それぞれの種子の理論上の発生確率は順に 9/16, 3/16, 3/16, 1/16 だから，期待度数は順に 312.75, 104.25, 104.25, 34.75 となる。したがって，

$$\chi^2 = \frac{(315-312.75)^2}{312.75} + \frac{(101-104.25)^2}{104.25} + \frac{(108-104.25)^2}{104.25} + \frac{(32-34.75)^2}{34.75} = 0.47$$

と計算できる。クラス数は 4 なので自由度は 3，$\chi^2(3; 0.05) = 7.815$ を表から読んで，$0.47 < 7.815$ ゆえに帰無仮説は棄却されない。すなわち，実験結果がメンデルの法則に反しているとはいえない。

参考文献

　筆者の手元にある本の中から直接に間接に，或いは意識的に無意識的に参考にさせていただいたものを紹介し，とりわけ今後さらに理解を深めたいという意欲のある読者の便に供したい。

　筆者は薬科大学に在職してはいるものの，薬学に関してはただの素人である。統計学がいかに日常的に使われ，役立っているかを薬学生たちに知らしめたいという思いから，第7章の例題と演習問題に [1] から引用させていただいた題材がいくつかある。特に記して感謝申し上げたい。

[1] 瀧澤毅：薬学系学生のための基礎統計学 [第2版]，ムイスリ出版，2013
[2] 和達三樹，十河清：キーポイント 確率・統計，岩波書店，1993
[3] 尾畑伸明：確率統計要論，牧野書店，2007
[4] 白尾恒吉：確率・統計，朝倉書店，1979
[5] 森真：入門 確率解析とルベーグ積分，東京図書，2012
[6] 福島正俊：確率論，裳華房，1998

　[1] だけは内容が薬学統計に傾斜しており，[2]〜[4] は数理統計学の一般論が展開されている。[2] は全体の話の流れが透明なうえに，表現が砕けていて大変読みやすく，しかも取り上げられている題材も興味深いという出色の本であるように思う。ただし，キーポイントというタイトルから想像されがちな安易さは全くなく，きちんと読むにはそれなりの数学の素養が必要である。[3] はきちんとした数学の基礎づけの上に一つひとつの概念がとても丁寧に説明されていて，じっくり腰を落ち着けて読むのに向いている良書である。[1] 以外は理工系大学教養課程で学ぶ数学にある程度馴染んでいる方がよい。[5][6] は統計学の本ではないが，測度論に基く確率論の入門書として挙げた。[5] には統計についての記述もあるうえ丁寧で読みやすく，[6] はやや専門的である。私事で恐縮であるが，[4] の著者である白尾先生について，読者の興味を惹くかもしれないので，筆者の大学時代の指導教官であった故石田信先生との雑談の折に聞いた話を紹介してみたい。

入学試験のときに，受験者全員の数学の得点がボードに書かれているんだけど，白尾さんはそれをじーっと 30 秒くらい睨(にら)んでからポンと平均点を言うんですよ．で，ちゃんと計算してみるとほとんど合っている．みんなで「あれは一体どういう計算をしているんだろう」って言い合うんだけど，よくわからないんだ．

[7] 小杉肇：統計学史通論，恒星社厚生閣，1969
[8] 佐伯胖，松原望：実践としての統計学，東京大学出版会，2000
[9] 大村平：統計のはなし，統計解析のはなし，日科技連，2009（改訂版）
[10] 飯尾晃一：統計学再入門，中公新書 818，1986
[11] 市川伸一：考えることの科学，中公新書 1345，1997
[12] 宮原英夫・丹後俊郎編：医学統計学ハンドブック，朝倉書店，1995

　本書を単なる学習事項の羅列的な教科書にしないためにも，数学者の紹介や統計学の歴史上の挿話などを随所に盛り込んだ．数学や統計学が，人類が生み出した掛け替えのない文化の体系であることを感じてもらえると嬉しい．その際に亡父の書棚にあった [7] を参考にした．[8] は統計学の基礎を一通り勉強した後で読むと非常に面白いと思う．特に佐伯胖氏による序章は，筆者が学生を通じて日頃から感じていることがそのまま明け透けに語られていて爽快である．ぜひ一度目を通されるとよい．[9] は寝転がって読むのに最適な読み物．数式があまり得意ではないが，統計学をよくわかりたいという人にこそ薦めたい．[10] は [9] よりは本格的に書かれた入門書で，なにより軽くてどこでも読めるのがいい．数式が多いので，それが苦にならなければたいへんわかりやすく書かれている．本書では，仮説検定の良い例題を作るのに大いに参考にさせていただいた．[11] は認知心理学の本であるが，自分は理系だから，などとケチなことを言わずに読んでみれば，きっと面白くてためになることが書いてある．また，[12] には医療薬学統計という独特な分野について教えられることが多かった．

数表

- 表 1　標準正規分布
- 表 2　t 分布
- 表 3　χ^2 分布
- 表 4〜6　F 分布

⟨ 表 1　標準正規分布 ⟩

$$z \to I(z) = \frac{1}{\sqrt{2\pi}} \int_0^z e^{-\frac{1}{2}x^2} dx$$

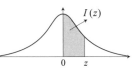

I(z)	z
0.495	2.576
0.490	2.326
0.475	1.960
0.450	1.645
0.400	1.282

z	.00	.01	.02	.03	.04	.05	.06	.07	.08	.09
0.0	.0000	.0040	.0080	.0120	.0160	.0199	.0239	.0279	.0319	.0359
0.1	.0398	.0438	.0478	.0517	.0557	.0596	.0636	.0675	.0714	.0754
0.2	.0793	.0832	.0871	.0910	.0948	.0987	.1026	.1064	.1103	.1141
0.3	.1179	.1217	.1255	.1293	.1331	.1368	.1406	.1443	.1480	.1517
0.4	.1554	.1591	.1628	.1664	.1700	.1736	.1772	.1808	.1844	.1879
0.5	.1915	.1950	.1985	.2019	.2054	.2088	.2123	.2157	.2190	.2224
0.6	.2258	.2291	.2324	.2357	.2389	.2422	.2454	.2486	.2518	.2549
0.7	.2580	.2612	.2642	.2673	.2704	.2734	.2764	.2794	.2823	.2852
0.8	.2881	.2910	.2939	.2967	.2996	.3023	.3051	.3079	.3106	.3133
0.9	.3159	.3186	.3212	.3238	.3264	.3289	.3315	.3340	.3365	.3389
1.0	.3413	.3438	.3461	.3485	.3508	.3531	.3554	.3577	.3599	.3621
1.1	.3643	.3665	.3686	.3708	.3729	.3749	.3770	.3790	.3810	.3830
1.2	.3849	.3869	.3888	.3907	.3925	.3944	.3962	.3980	.3997	.4015
1.3	.4032	.4049	.4066	.4082	.4099	.4115	.4131	.4147	.4162	.4177
1.4	.4192	.4207	.4222	.4236	.4251	.4265	.4279	.4292	.4306	.4319
1.5	.4332	.4345	.4357	.4370	.4382	.4394	.4406	.4418	.4430	.4441
1.6	.4452	.4463	.4474	.4485	.4495	.4505	.4515	.4525	.4535	.4545
1.7	.4554	.4564	.4573	.4582	.4591	.4599	.4608	.4616	.4625	.4633
1.8	.4641	.4649	.4656	.4664	.4671	.4678	.4686	.4693	.4700	.4706
1.9	.4713	.4719	.4726	.4732	.4738	.4744	.4750	.4756	.4762	.4767
2.0	.4773	.4778	.4783	.4788	.4793	.4798	.4803	.4808	.4812	.4817
2.1	.4821	.4826	.4830	.4834	.4838	.4842	.4846	.4850	.4854	.4857
2.2	.4861	.4865	.4868	.4871	.4875	.4878	.4881	.4884	.4887	.4890
2.3	.4893	.4896	.4898	.4901	.4904	.4906	.4909	.4911	.4913	.4916
2.4	.4918	.4920	.4922	.4925	.4927	.4929	.4931	.4932	.4934	.4936
2.5	.4938	.4940	.4941	.4943	.4945	.4946	.4948	.4949	.4951	.4952
2.6	.4953	.4955	.4956	.4957	.4959	.4960	.4961	.4962	.4963	.4964
2.7	.4965	.4966	.4967	.4968	.4969	.4970	.4971	.4972	.4973	.4974
2.8	.4974	.4975	.4976	.4977	.4977	.4978	.4979	.4980	.4980	.4981
2.9	.4981	.4982	.4983	.4983	.4984	.4984	.4985	.4985	.4986	.4986
3.0	.4987	.4987	.4987	.4988	.4988	.4989	.4989	.4989	.4990	.4990
3.1	.4990	.4991	.4991	.4991	.4992	.4992	.4992	.4992	.4993	.4993
3.2	.4993	.4993	.4994	.4994	.4994	.4994	.4994	.4995	.4995	.4995
3.3	.4995	.4995	.4996	.4996	.4996	.4996	.4996	.4996	.4996	.4997
3.4	.4997	.4997	.4997	.4997	.4997	.4997	.4997	.4997	.4998	.4998
3.5	.4998	.4998	.4998	.4998	.4998	.4998	.4998	.4998	.4998	.4998
3.6	.4998	.4999	.4999	.4999	.4999	.4999	.4999	.4999	.4999	.4999
3.7	.4999	.4999	.4999	.4999	.4999	.4999	.4999	.4999	.4999	.4999
3.8	.4999	.4999	.4999	.4999	.4999	.4999	.4999	.5000	.5000	.5000
3.9	.5000	.5000	.5000	.5000	.5000	.5000	.5000	.5000	.5000	.5000

〈表2 t 分布〉

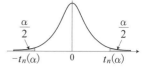

α \ n	.500	.400	.300	.200	.100	.050	.020	.010	.0010
1	1.000	1.376	1.963	3.078	6.314	12.706	31.821	63.657	636.619
2	.816	1.061	1.386	1.886	2.920	4.303	6.965	9.925	31.599
3	.765	.978	1.250	1.638	2.353	3.182	4.541	5.841	12.924
4	.741	.941	1.190	1.533	2.132	2.776	3.741	4.604	8.610
5	.727	.920	1.156	1.476	2.015	2.571	3.365	4.032	6.869
6	.718	.906	1.134	1.440	1.943	2.447	3.143	3.707	5.959
7	.711	.896	1.119	1.415	1.895	2.365	2.998	3.499	5.408
8	.706	.889	1.108	1.397	1.860	2.306	2.896	3.355	5.041
9	.703	.883	1.100	1.383	1.833	2.262	2.821	3.250	4.781
10	.700	.879	1.093	1.372	1.812	2.228	2.764	3.169	4.587
11	.697	.876	1.088	1.363	1.796	2.201	2.718	3.106	4.437
12	.695	.873	1.083	1.356	1.782	2.179	2.681	3.055	4.318
13	.694	.870	1.079	1.350	1.771	2.160	2.650	3.012	4.221
14	.692	.868	1.076	1.345	1.761	2.145	2.624	2.977	4.140
15	.691	.866	1.074	1.341	1.753	2.131	2.602	2.947	4.073
16	.690	.865	1.071	1.337	1.746	2.120	2.583	2.921	4.015
17	.689	.863	1.069	1.333	1.740	2.110	2.567	2.898	3.965
18	.688	.862	1.067	1.330	1.734	2.101	2.552	2.878	3.922
19	.688	.861	1.066	1.328	1.729	2.093	2.539	2.861	3.883
20	.687	.860	1.064	1.325	1.725	2.086	2.528	2.845	3.850
21	.686	.859	1.063	1.323	1.721	2.080	2.518	2.831	3.819
22	.686	.858	1.061	1.321	1.717	2.074	2.508	2.819	3.792
23	.685	.858	1.060	1.319	1.714	2.069	2.500	2.807	3.768
24	.685	.857	1.059	1.318	1.711	2.064	2.492	2.797	3.745
25	.684	.856	1.058	1.316	1.708	2.060	2.485	2.787	3.725
26	.684	.856	1.058	1.315	1.706	2.056	2.479	2.779	3.707
27	.684	.855	1.057	1.314	1.703	2.052	2.473	2.771	3.690
28	.683	.855	1.056	1.313	1.701	2.048	2.467	2.763	3.674
29	.683	.854	1.055	1.311	1.699	2.045	2.462	2.756	3.659
30	.683	.854	1.055	1.310	1.697	2.042	2.457	2.750	3.646
31	.682	.853	1.054	1.309	1.696	2.040	2.453	2.744	3.633
32	.682	.853	1.054	1.309	1.694	2.037	2.449	2.738	3.622
33	.682	.853	1.053	1.308	1.692	2.035	2.445	2.733	3.611
34	.682	.852	1.052	1.307	1.691	2.032	2.441	2.728	3.601
35	.682	.852	1.052	1.306	1.690	2.030	2.438	2.724	3.591
36	.681	.852	1.052	1.306	1.688	2.028	2.434	2.719	3.582
37	.681	.851	1.051	1.305	1.687	2.026	2.431	2.715	3.574
38	.681	.851	1.051	1.304	1.686	2.024	2.429	2.712	3.566
39	.681	.851	1.050	1.304	1.685	2.023	2.426	2.708	3.558
40	.681	.851	1.050	1.303	1.684	2.021	2.423	2.704	3.551
41	.681	.850	1.050	1.303	1.683	2.020	2.421	2.701	3.544
42	.680	.850	1.049	1.302	1.682	2.018	2.418	2.698	3.538
43	.680	.850	1.049	1.302	1.681	2.017	2.416	2.695	3.532
44	.680	.850	1.049	1.301	1.680	2.015	2.414	2.692	3.526
45	.680	.850	1.049	1.301	1.679	2.014	2.412	2.690	3.520
46	.680	.850	1.048	1.300	1.679	2.013	2.410	2.687	3.515
47	.680	.849	1.048	1.300	1.678	2.012	2.408	2.685	3.510
48	.680	.849	1.048	1.299	1.677	2.011	2.407	2.682	3.505
49	.680	.849	1.048	1.299	1.677	2.010	2.405	2.680	3.500
50	.679	.849	1.047	1.299	1.676	2.009	2.403	2.678	3.496
60	.679	.848	1.045	1.296	1.671	2.000	2.390	2.660	3.460
80	.678	.846	1.043	1.292	1.664	1.990	2.374	2.639	3.416
120	.677	.845	1.041	1.289	1.658	1.980	2.358	2.617	3.373
240	.676	.843	1.039	1.285	1.651	1.970	2.342	2.596	3.332
∞	.674	.842	1.036	1.282	1.645	1.960	2.326	2.576	3.291

<表3 χ^2 分布>

α\n	.995	.990	.975	.950	.900	.750
1	.0^{4}3927	.0^{3}1571	.0^{3}9821	.0^{2}3932	.01579	.1015
2	.01003	.02010	.05064	.1026	.2107	.5754
3	.07172	.1148	.2158	.3518	.5844	1.213
4	.2070	.2971	.4844	.7107	1.064	1.923
5	.4117	.5543	.8312	1.145	1.610	2.675
6	.6757	.8721	1.237	1.635	2.204	3.455
7	.9893	1.239	1.690	2.167	2.833	4.255
8	1.344	1.646	2.180	2.733	3.490	5.071
9	1.735	2.088	2.700	3.325	4.168	5.899
10	2.156	2.558	3.247	3.940	4.865	6.737
11	2.603	3.053	3.816	4.575	5.578	7.584
12	3.074	3.571	4.404	5.226	6.304	8.438
13	3.565	4.107	5.009	5.892	7.042	9.299
14	4.075	4.660	5.629	6.571	7.790	10.17
15	4.601	5.229	6.262	7.261	8.547	11.04
16	5.142	5.812	6.908	7.962	9.312	11.91
17	5.697	6.408	7.564	8.672	10.09	12.79
18	6.265	7.015	8.231	9.390	10.86	13.68
19	6.844	7.633	8.907	10.12	11.65	14.56
20	7.434	8.260	9.591	10.85	12.44	15.45
21	8.034	8.897	10.28	11.59	13.24	16.34
22	8.643	9.542	10.98	12.34	14.04	17.24
23	9.260	10.20	11.69	13.09	14.85	18.14
24	9.886	10.86	12.40	13.85	15.66	19.04
25	10.52	11.52	13.12	14.61	16.47	19.94
26	11.16	12.20	13.84	15.38	17.29	20.84
27	11.81	12.88	14.57	16.15	18.11	21.75
28	12.46	13.56	15.31	16.93	18.94	22.66
29	13.12	14.26	16.05	17.71	19.77	23.57
30	13.79	14.95	16.79	18.49	20.60	24.48
31	14.46	15.66	17.54	19.28	21.43	25.39
32	15.13	16.36	18.29	20.07	22.27	26.30
33	15.82	17.07	19.05	20.87	23.11	27.22
34	16.50	17.79	19.81	21.66	23.95	28.14
35	17.19	18.51	20.57	22.47	24.80	29.05
36	17.89	19.23	21.34	23.27	25.64	29.97
37	18.59	19.96	22.11	24.07	26.49	30.89
38	19.29	20.69	22.88	24.88	27.34	31.81
39	20.00	21.43	23.65	25.70	28.20	32.74
40	20.71	22.16	24.43	26.51	29.05	33.66
50	27.99	29.71	32.36	34.76	37.69	42.94
60	35.53	37.48	40.48	43.19	46.46	52.29
70	43.28	45.44	48.76	51.74	55.33	61.70
80	51.17	53.54	57.15	60.39	64.28	71.14
90	59.20	61.75	65.65	69.13	73.29	80.62
100	67.33	70.06	74.22	77.93	82.36	90.13
110	75.55	78.46	82.87	86.79	91.47	99.67
120	83.85	86.92	91.51	95.70	100.6	109.2
130	92.22	95.45	100.3	104.7	109.8	118.8
140	100.7	104.0	109.1	113.7	119.0	128.4
150	109.1	112.7	118.0	122.7	128.3	138.0
160	117.7	121.3	126.9	131.8	137.5	147.6
170	126.3	130.1	135.8	140.8	146.8	157.2
180	134.9	138.8	144.7	150.0	156.2	166.9
190	143.5	147.6	153.7	159.1	165.5	176.5
200	152.2	156.4	162.7	168.3	174.8	186.2

.500	.250	.100	.050	.025	.010	.005	α / n
.4549	1.323	2.706	3.841	5.024	6.635	7.879	1
1.386	2.773	4.605	5.991	7.378	9.210	10.60	2
2.366	4.108	6.251	7.815	9.348	11.34	12.84	3
3.357	5.385	7.779	9.488	11.14	13.28	14.86	4
4.351	6.626	9.236	11.07	12.83	15.09	16.75	5
5.348	7.841	10.64	12.59	14.45	16.81	18.55	6
6.346	9.037	12.02	14.07	16.01	18.48	20.28	7
7.344	10.22	13.36	15.51	17.53	20.09	21.95	8
8.343	11.39	14.68	16.92	19.02	21.67	23.59	9
9.342	12.55	15.99	18.31	20.48	23.21	25.19	10
10.34	13.70	17.28	19.68	21.92	24.72	26.76	11
11.34	14.85	18.55	21.03	23.34	26.22	28.30	12
12.34	15.98	19.81	22.36	24.74	27.69	29.82	13
13.34	17.12	21.06	23.68	26.12	29.14	31.32	14
14.34	18.25	22.31	25.00	27.49	30.58	32.80	15
15.34	19.37	23.54	26.30	28.85	32.00	34.27	16
16.34	20.49	24.77	27.59	30.19	33.41	35.72	17
17.34	21.60	25.99	28.87	31.53	34.81	37.16	18
18.34	22.72	27.20	30.14	32.85	36.19	38.58	19
19.34	23.83	28.41	31.41	34.17	37.57	40.00	20
20.34	24.93	29.62	32.67	35.48	38.93	41.40	21
21.34	26.04	30.81	33.92	36.78	40.29	42.80	22
22.34	27.14	32.01	35.17	38.08	41.64	44.18	23
23.34	28.24	33.20	36.42	39.36	42.98	45.56	24
24.34	29.34	34.38	37.65	40.65	44.31	46.93	25
25.34	30.43	35.56	38.89	41.92	45.64	48.29	26
26.34	31.53	36.74	40.11	43.19	46.96	49.64	27
27.34	32.62	37.92	41.34	44.46	48.28	50.99	28
28.34	33.71	39.09	42.56	45.72	49.59	52.34	29
29.34	34.80	40.26	43.77	46.98	50.89	53.67	30
30.34	35.89	41.42	44.99	48.23	52.19	55.00	31
31.34	36.97	42.58	46.19	49.48	53.45	56.33	32
32.34	38.06	43.75	47.40	50.73	54.78	57.65	33
33.34	39.14	44.90	48.60	51.97	56.06	58.96	34
34.34	40.22	46.06	49.80	53.20	57.34	60.37	35
35.34	41.30	47.21	51.00	54.44	58.62	61.58	36
36.34	42.38	48.36	52.19	55.67	59.89	62.88	37
37.34	43.46	49.51	53.38	56.90	61.16	64.18	38
38.34	44.54	50.66	54.57	58.12	62.43	65.48	39
39.34	45.62	51.81	55.76	59.34	63.69	66.77	40
49.33	56.33	63.17	67.50	71.42	76.15	79.49	50
59.33	66.98	74.40	79.08	83.30	88.38	91.95	60
69.33	77.58	85.53	90.53	95.02	100.4	104.2	70
79.33	88.13	96.58	101.9	106.6	112.3	116.3	80
89.33	98.65	107.6	113.1	118.1	124.1	128.3	90
99.33	109.1	118.5	124.3	129.6	135.8	140.2	100
109.3	119.6	129.4	135.5	140.9	147.4	151.9	110
119.3	130.1	140.2	146.6	152.2	159.0	163.6	120
129.3	140.5	151.0	157.6	163.5	170.4	175.3	130
139.3	150.9	161.8	168.6	174.6	181.8	186.8	140
149.3	161.3	172.6	179.6	185.8	193.2	198.4	150
159.3	171.7	183.3	190.5	196.9	204.5	209.8	160
169.3	182.0	194.0	201.4	208.0	215.8	221.2	170
179.3	192.4	204.7	212.3	219.0	227.1	232.6	180
189.3	202.8	215.4	223.2	230.1	238.3	244.0	190
199.3	213.1	226.0	234.0	241.1	249.4	255.3	200

<表4　**F**分布（α = 0.05）>

m\n	1	2	3	4	5	6	7	8	9
1	161.448	199.500	215.707	224.583	230.162	233.986	236.768	238.883	240.543
2	18.513	19.000	19.164	19.247	19.296	19.330	19.353	19.371	19.385
3	10.128	9.552	9.277	9.117	9.013	8.941	8.887	8.845	8.812
4	7.709	6.944	6.591	6.388	6.256	6.163	6.094	6.041	5.999
5	6.608	5.786	5.409	5.192	5.050	4.950	4.876	4.818	4.772
6	5.987	5.143	4.757	4.534	4.387	4.284	4.207	4.147	4.099
7	5.591	4.737	4.347	4.120	3.972	3.866	3.787	3.726	3.677
8	5.318	4.459	4.066	3.838	3.687	3.581	3.500	3.438	3.388
9	5.117	4.256	3.863	3.633	3.482	3.374	3.293	3.230	3.179
10	4.965	4.103	3.708	3.478	3.326	3.217	3.135	3.072	3.020
11	4.844	3.982	3.587	3.357	3.204	3.095	3.012	2.948	2.896
12	4.747	3.885	3.490	3.259	3.106	2.996	2.913	2.849	2.796
13	4.667	3.806	3.411	3.179	3.025	2.915	2.832	2.767	2.714
14	4.600	3.739	3.344	3.112	2.958	2.848	2.764	2.699	2.646
15	4.543	3.682	3.287	3.056	2.901	2.790	2.707	2.641	2.588
16	4.494	3.634	3.239	3.007	2.852	2.741	2.657	2.591	2.538
17	4.451	3.592	3.197	2.965	2.810	2.699	2.614	2.548	2.494
18	4.414	3.555	3.160	2.928	2.773	2.661	2.577	2.510	2.456
19	4.381	3.522	3.127	2.895	2.740	2.628	2.544	2.477	2.423
20	4.351	3.493	3.098	2.866	2.711	2.599	2.514	2.447	2.393
21	4.325	3.467	3.072	2.840	2.685	2.573	2.488	2.420	2.366
22	4.301	3.443	3.049	2.817	2.661	2.549	2.464	2.397	2.342
23	4.279	3.422	3.028	2.796	2.640	2.528	2.442	2.375	2.320
24	4.260	3.403	3.009	2.776	2.621	2.508	2.423	2.355	2.300
25	4.242	3.385	2.991	2.759	2.603	2.490	2.405	2.337	2.282
26	4.225	3.369	2.975	2.743	2.587	2.474	2.388	2.321	2.265
27	4.210	3.354	2.960	2.728	2.572	2.459	2.373	2.305	2.250
28	4.196	3.340	2.947	2.714	2.558	2.445	2.359	2.291	2.236
29	4.183	3.328	2.934	2.701	2.545	2.432	2.346	2.278	2.223
30	4.171	3.316	2.922	2.690	2.534	2.421	2.334	2.266	2.211
31	4.160	3.305	2.911	2.679	2.523	2.409	2.323	2.255	2.199
32	4.149	3.295	2.901	2.668	2.512	2.399	2.313	2.244	2.189
33	4.139	3.285	2.892	2.659	2.503	2.389	2.303	2.235	2.179
34	4.130	3.276	2.883	2.650	2.494	2.380	2.294	2.225	2.170
35	4.121	3.267	2.874	2.641	2.485	2.372	2.285	2.217	2.161
36	4.113	3.259	2.866	2.634	2.477	2.364	2.277	2.209	2.153
37	4.105	3.252	2.859	2.626	2.470	2.356	2.270	2.201	2.145
38	4.098	3.245	2.852	2.619	2.463	2.349	2.262	2.194	2.138
39	4.091	3.238	2.845	2.612	2.456	2.342	2.255	2.187	2.131
40	4.085	3.232	2.839	2.606	2.449	2.336	2.249	2.180	2.124
41	4.079	3.226	2.833	2.600	2.443	2.330	2.243	2.174	2.118
42	4.073	3.220	2.827	2.594	2.438	2.324	2.237	2.168	2.112
43	4.067	3.214	2.822	2.589	2.432	2.318	2.232	2.163	2.106
44	4.062	3.209	2.816	2.584	2.427	2.313	2.226	2.157	2.101
45	4.057	3.204	2.812	2.579	2.422	2.308	2.221	2.152	2.096
46	4.052	3.200	2.807	2.574	2.417	2.304	2.216	2.147	2.091
47	4.047	3.195	2.802	2.570	2.413	2.299	2.212	2.143	2.086
48	4.043	3.191	2.798	2.565	2.409	2.295	2.207	2.138	2.082
49	4.038	3.187	2.794	2.561	2.404	2.290	2.203	2.134	2.077
50	4.034	3.183	2.790	2.557	2.400	2.286	2.199	2.130	2.073
60	4.001	3.150	2.758	2.525	2.368	2.254	2.167	2.097	2.040
80	3.960	3.111	2.719	2.486	2.329	2.214	2.126	2.056	1.999
120	3.920	3.072	2.680	2.447	2.290	2.175	2.087	2.016	1.959
240	3.880	3.033	2.642	2.409	2.252	2.136	2.048	1.977	1.919
∞	3.841	2.996	2.605	2.372	2.214	2.099	2.010	1.938	1.880

10	12	15	20	24	30	40	60	120	∞	m / n
241.882	243.906	245.950	248.013	249.052	250.095	251.143	252.196	253.253	254.314	1
19.396	19.413	19.429	19.446	19.454	19.462	19.471	19.479	19.487	19.496	2
8.786	8.745	8.703	8.660	8.639	8.617	8.594	8.572	8.549	8.526	3
5.964	5.912	5.858	5.803	5.774	5.746	5.717	5.688	5.658	5.628	4
4.735	4.678	4.619	4.558	4.527	4.496	4.464	4.431	4.398	4.365	5
4.060	4.000	3.938	3.874	3.841	3.808	3.774	3.740	3.705	3.669	6
3.637	3.575	3.511	3.445	3.410	3.376	3.340	3.304	3.267	3.230	7
3.347	3.284	3.218	3.150	3.115	3.079	3.043	3.005	2.967	2.928	8
3.137	3.073	3.006	2.936	2.900	2.864	2.826	2.787	2.748	2.707	9
2.978	2.913	2.845	2.774	2.737	2.700	2.661	2.621	2.580	2.538	10
2.854	2.788	2.719	2.646	2.609	2.570	2.531	2.490	2.448	2.404	11
2.753	2.687	2.617	2.544	2.505	2.466	2.426	2.384	2.341	2.296	12
2.671	2.604	2.533	2.459	2.420	2.380	2.339	2.297	2.252	2.206	13
2.602	2.534	2.463	2.388	2.349	2.308	2.266	2.223	2.178	2.131	14
2.544	2.475	2.403	2.328	2.288	2.247	2.204	2.160	2.114	2.066	15
2.494	2.425	2.352	2.276	2.235	2.194	2.151	2.106	2.059	2.010	16
2.450	2.381	2.308	2.230	2.190	2.148	2.104	2.058	2.011	1.960	17
2.412	2.342	2.269	2.191	2.150	2.107	2.063	2.017	1.968	1.917	18
2.378	2.308	2.234	2.155	2.114	2.071	2.026	1.980	1.930	1.878	19
2.348	2.278	2.203	2.124	2.082	2.039	1.994	1.946	1.896	1.843	20
2.321	2.250	2.176	2.096	2.054	2.010	1.965	1.916	1.866	1.812	21
2.297	2.226	2.151	2.071	2.028	1.984	1.938	1.889	1.838	1.783	22
2.275	2.204	2.128	2.048	2.005	1.961	1.914	1.865	1.813	1.757	23
2.255	2.183	2.108	2.027	1.984	1.939	1.892	1.842	1.790	1.733	24
2.236	2.165	2.089	2.007	1.964	1.919	1.872	1.822	1.768	1.711	25
2.220	2.148	2.072	1.990	1.946	1.901	1.853	1.803	1.749	1.691	26
2.204	2.132	2.056	1.974	1.930	1.884	1.836	1.785	1.731	1.672	27
2.190	2.118	2.041	1.959	1.915	1.869	1.820	1.769	1.714	1.654	28
2.177	2.104	2.027	1.945	1.901	1.854	1.806	1.754	1.698	1.638	29
2.165	2.092	2.015	1.932	1.887	1.841	1.792	1.740	1.683	1.622	30
2.153	2.080	2.003	1.920	1.875	1.828	1.779	1.726	1.670	1.608	31
2.142	2.070	1.992	1.908	1.864	1.817	1.767	1.714	1.657	1.594	32
2.133	2.060	1.982	1.898	1.853	1.806	1.756	1.702	1.645	1.581	33
2.123	2.050	1.972	1.888	1.843	1.795	1.745	1.691	1.633	1.569	34
2.114	2.041	1.963	1.878	1.833	1.786	1.735	1.681	1.623	1.558	35
2.106	2.033	1.954	1.870	1.824	1.776	1.726	1.671	1.612	1.547	36
2.098	2.025	1.946	1.861	1.816	1.768	1.717	1.662	1.603	1.537	37
2.091	2.017	1.939	1.853	1.808	1.760	1.708	1.653	1.594	1.527	38
2.084	2.010	1.931	1.846	1.800	1.752	1.700	1.645	1.585	1.518	39
2.077	2.003	1.924	1.839	1.793	1.744	1.693	1.637	1.577	1.509	40
2.071	1.997	1.918	1.832	1.786	1.737	1.686	1.630	1.569	1.500	41
2.065	1.991	1.912	1.826	1.780	1.731	1.619	1.623	1.561	1.492	42
2.059	1.985	1.906	1.820	1.773	1.724	1.672	1.616	1.554	1.485	43
2.054	1.980	1.900	1.814	1.767	1.718	1.666	1.609	1.547	1.477	44
2.049	1.974	1.895	1.808	1.762	1.713	1.660	1.603	1.541	1.470	45
2.044	1.969	1.890	1.803	1.756	1.707	1.654	1.597	1.534	1.463	46
2.039	1.965	1.885	1.798	1.751	1.702	1.649	1.591	1.528	1.457	47
2.035	1.960	1.880	1.793	1.746	1.697	1.644	1.586	1.522	1.450	48
2.030	1.956	1.876	1.789	1.742	1.692	1.639	1.581	1.517	1.444	49
2.026	1.952	1.871	1.784	1.737	1.687	1.634	1.576	1.511	1.438	50
1.993	1.917	1.836	1.748	1.700	1.649	1.594	1.534	1.467	1.389	60
1.951	1.875	1.793	1.703	1.654	1.602	1.545	1.482	1.411	1.325	80
1.910	1.834	1.750	1.659	1.608	1.554	1.495	1.429	1.352	1.254	120
1.870	1.793	1.708	1.614	1.563	1.507	1.445	1.375	1.290	1.170	240
1.831	1.752	1.666	1.571	1.517	1.459	1.394	1.318	1.221	1.000	∞

<表5 F 分布 ($\alpha = 0.025$)>

n \ m	1	2	3	4	5	6	7	8	9
1	647.789	799.500	864.163	899.583	921.848	937.111	948.217	956.656	963.285
2	38.506	39.000	39.165	39.248	39.298	39.331	39.355	39.373	39.387
3	17.443	16.044	15.439	15.101	14.885	14.735	14.624	14.540	14.473
4	12.218	10.649	9.979	9.605	9.364	9.197	9.074	8.980	8.905
5	10.007	8.434	7.764	7.388	7.146	6.978	6.853	6.757	6.681
6	8.813	7.260	6.599	6.227	5.988	5.820	5.695	5.600	5.523
7	8.073	6.542	5.890	5.523	5.285	5.119	4.995	4.899	4.823
8	7.571	6.059	5.416	5.053	4.817	4.652	4.529	4.433	4.357
9	7.209	5.715	5.078	4.718	4.484	4.320	4.197	4.102	4.026
10	6.937	5.456	4.826	4.468	4.236	4.072	3.950	3.855	3.779
11	6.724	5.256	4.630	4.275	4.044	3.881	3.759	3.664	3.588
12	6.554	5.096	4.474	4.121	3.891	3.728	3.607	3.512	3.436
13	6.414	4.965	4.347	3.996	3.767	3.604	3.483	3.388	3.312
14	6.298	4.857	4.242	3.892	3.663	3.501	3.380	3.285	3.209
15	6.200	4.765	4.153	3.804	3.576	3.415	3.293	3.199	3.123
16	6.115	4.687	4.077	3.729	3.502	3.341	3.219	3.125	3.049
17	6.042	4.619	4.011	3.665	3.438	3.277	3.156	3.061	2.985
18	5.978	4.560	3.954	3.608	3.382	3.221	3.100	3.005	2.929
19	5.922	4.508	3.903	3.559	3.333	3.172	3.051	2.956	2.880
20	5.871	4.461	3.859	3.515	3.289	3.128	3.007	2.913	2.837
21	5.827	4.420	3.819	3.475	3.250	3.090	2.969	2.874	2.798
22	5.786	4.383	3.783	3.440	3.215	3.055	2.934	2.839	2.763
23	5.750	4.349	3.750	3.408	3.183	3.023	2.902	2.808	2.731
24	5.717	4.319	3.721	3.379	3.155	2.995	2.874	2.779	2.703
25	5.686	4.291	3.694	3.353	3.129	2.969	2.848	2.753	2.677
26	5.659	4.265	3.670	3.329	3.105	2.945	2.824	2.729	2.653
27	5.633	4.242	3.647	3.307	3.083	2.923	2.802	2.707	2.631
28	5.610	4.221	3.626	3.286	3.063	2.903	2.782	2.687	2.611
29	5.588	4.201	3.607	3.267	3.044	2.884	2.763	2.669	2.592
30	5.568	4.182	3.589	3.250	3.026	2.867	2.746	2.651	2.575
31	5.549	4.165	3.573	3.234	3.010	2.851	2.730	2.635	2.558
32	5.531	4.149	3.557	3.218	2.995	2.836	2.715	2.620	2.543
33	5.515	4.134	3.543	3.204	2.981	2.822	2.701	2.606	2.529
34	5.499	4.120	3.529	3.191	2.968	2.808	2.688	2.593	2.516
35	5.485	4.106	3.517	3.179	2.956	2.796	2.676	2.581	2.504
36	5.471	4.094	3.505	3.167	2.944	2.785	2.664	2.569	2.492
37	5.458	4.082	3.493	3.156	2.933	2.774	2.653	2.558	2.481
38	5.446	4.071	3.483	3.145	2.923	2.763	2.643	2.548	2.471
39	5.435	4.061	3.473	3.135	2.913	2.754	2.633	2.538	2.461
40	5.424	4.051	3.463	3.126	2.904	2.744	2.624	2.529	2.452
41	5.414	4.042	3.454	3.117	2.895	2.736	2.615	2.520	2.443
42	5.404	4.033	3.446	3.109	2.887	2.727	2.607	2.512	2.435
43	5.395	4.024	3.438	3.101	2.879	2.719	2.599	2.504	2.427
44	5.386	4.016	3.430	3.093	2.871	2.712	2.591	2.496	2.419
45	5.377	4.009	3.422	3.086	2.864	2.705	2.584	2.489	2.412
46	5.369	4.001	3.415	3.079	2.857	2.698	2.577	2.482	2.405
47	5.361	3.994	3.409	3.073	2.851	2.691	2.571	2.476	2.399
48	5.354	3.987	3.402	3.066	2.844	2.685	2.565	2.470	2.393
49	5.347	3.981	3.396	3.060	2.838	2.679	2.559	2.464	2.387
50	5.340	3.975	3.390	3.054	2.833	2.674	2.553	2.458	2.381
60	5.286	3.925	3.343	3.008	2.786	2.627	2.507	2.412	2.334
80	5.218	3.864	3.284	2.950	2.730	2.571	2.450	2.355	2.277
120	5.152	3.805	3.227	2.894	2.674	2.515	2.395	2.299	2.222
240	5.088	3.746	3.171	2.839	2.620	2.461	2.341	2.245	2.167
∞	5.024	3.689	3.116	2.786	2.567	2.408	2.288	2.192	2.114

10	12	15	20	24	30	40	60	120	∞	m \\ n
968.627	976.708	984.867	993.103	997.249	1001.414	1005.598	1009.800	1014.020	1018.258	1
39.398	39.415	39.431	39.448	39.456	39.465	39.473	39.481	39.490	39.498	2
14.419	14.337	14.253	14.167	14.124	14.081	14.037	13.992	13.947	13.902	3
8.844	8.751	8.657	8.560	8.511	8.461	8.411	8.360	8.309	8.257	4
6.619	6.525	6.428	6.329	6.278	6.227	6.175	6.123	6.069	6.015	5
5.461	5.366	5.269	5.168	5.117	5.065	5.012	4.959	4.904	4.849	6
4.761	4.666	4.568	4.467	4.415	4.362	4.309	4.254	4.199	4.142	7
4.295	4.200	4.101	3.999	3.947	3.894	3.840	3.784	3.728	3.670	8
3.964	3.868	3.769	3.667	3.614	3.560	3.505	3.449	3.392	3.333	9
3.717	3.621	3.522	3.419	3.365	3.311	3.255	3.198	3.140	3.080	10
3.526	3.430	3.330	3.226	3.173	3.118	3.061	3.004	2.944	2.883	11
3.374	3.277	3.177	3.073	3.019	2.963	2.906	2.848	2.787	2.725	12
3.250	3.153	3.053	2.948	2.893	2.837	2.780	2.720	2.659	2.595	13
3.147	3.050	2.949	2.844	2.789	2.732	2.674	2.614	2.552	2.487	14
3.060	3.963	2.862	2.756	2.701	2.644	2.585	2.524	2.461	2.395	15
2.986	2.889	2.788	2.681	2.625	2.568	2.509	2.447	2.383	2.316	16
2.922	2.825	2.723	2.616	2.560	2.502	2.442	2.380	2.315	2.247	17
2.866	2.769	2.667	2.559	2.503	2.445	2.384	2.321	2.256	2.187	18
2.817	2.720	2.617	2.509	2.452	2.394	2.333	2.270	2.203	2.133	19
2.774	2.676	2.573	2.464	2.408	2.349	2.287	2.223	2.156	2.085	20
2.735	2.637	2.534	2.425	2.368	2.308	2.246	2.182	2.114	2.042	21
2.700	2.602	2.498	2.389	2.331	2.272	2.210	2.145	2.076	2.003	22
2.668	2.570	2.466	2.357	2.299	2.239	2.176	2.111	2.041	1.968	23
2.640	2.541	2.437	2.327	2.269	2.209	2.146	2.080	2.010	1.935	24
2.613	2.515	2.411	2.300	2.242	2.182	2.118	2.052	1.981	1.906	25
2.590	2.491	2.387	2.276	2.217	2.157	2.093	2.026	1.954	1.878	26
2.568	2.469	2.364	2.253	2.195	2.133	2.069	2.002	1.930	1.853	27
2.547	2.448	2.344	2.232	2.174	2.112	2.048	1.980	1.907	1.829	28
2.529	2.430	2.325	2.213	2.154	2.092	2.028	1.959	1.886	1.807	29
2.511	2.412	2.307	2.195	2.136	2.074	2.009	1.940	1.866	1.787	30
2.495	2.396	2.291	2.178	2.119	2.057	1.991	1.922	1.848	1.768	31
2.480	2.381	2.275	2.163	2.103	2.041	1.975	1.905	1.831	1.750	32
2.466	2.366	2.261	2.148	2.088	2.026	1.960	1.890	1.815	1.733	33
2.453	2.353	2.248	2.135	2.075	2.012	1.946	1.875	1.799	1.717	34
2.440	2.341	2.235	2.122	2.062	1.999	1.932	1.861	1.785	1.702	35
2.429	2.329	2.223	2.110	2.049	1.986	1.919	1.848	1.772	1.687	36
2.418	2.318	2.212	2.098	2.038	1.974	1.907	1.836	1.759	1.674	37
2.407	2.307	2.201	2.088	2.027	1.963	1.896	1.824	1.747	1.661	38
2.397	2.298	2.191	2.077	2.017	1.953	1.885	1.813	1.735	1.649	39
2.388	2.288	2.182	2.068	2.007	1.943	1.875	1.803	1.724	1.637	40
2.379	2.279	2.173	2.059	1.998	1.933	1.866	1.793	1.714	1.626	41
2.371	2.271	2.164	2.050	1.989	1.924	1.856	1.783	1.704	1.615	42
2.363	2.263	2.156	2.042	1.980	1.916	1.848	1.774	1.694	1.605	43
2.355	2.255	2.149	2.034	1.972	1.908	1.839	1.766	1.685	1.596	44
2.348	2.248	2.141	2.026	1.965	1.900	1.831	1.757	1.677	1.586	45
2.341	2.241	2.134	2.019	1.957	1.893	1.824	1.750	1.668	1.578	46
2.335	2.234	2.127	2.012	1.951	1.885	1.816	1.742	1.661	1.569	47
2.329	2.228	2.121	2.006	1.944	1.879	1.809	1.735	1.653	1.561	48
2.323	2.222	2.115	1.999	1.937	1.872	1.803	1.728	1.646	1.553	49
2.317	2.216	2.109	1.993	1.931	1.866	1.796	1.721	1.639	1.545	50
2.270	2.169	2.061	1.944	1.882	1.815	1.744	1.667	1.581	1.482	60
2.213	2.111	2.003	1.884	1.820	1.752	1.679	1.599	1.508	1.400	80
2.157	2.055	1.945	1.825	1.760	1.690	1.614	1.530	1.433	1.310	120
2.102	1.999	1.888	1.766	1.700	1.628	1.549	1.460	1.354	1.206	240
2.048	1.945	1.833	1.708	1.640	1.566	1.484	1.388	1.268	1.000	∞

<表6　F 分布（$\alpha = 0.01$）>

n \ m	1	2	3	4	5	6	7	8	9
1	4052.181	4999.500	5403.352	5624.583	5763.650	5858.986	5928.356	5981.070	6022.473
2	98.503	99.000	99.166	99.249	99.299	99.333	99.356	99.374	99.388
3	34.116	30.817	29.457	28.710	28.237	27.911	27.672	27.489	27.345
4	21.198	18.000	16.694	15.977	15.522	15.207	14.976	14.799	14.659
5	16.258	13.274	12.060	11.392	10.967	10.612	10.456	10.289	10.158
6	13.745	10.925	9.780	9.148	8.746	8.466	8.260	8.102	7.976
7	12.246	9.547	8.451	7.847	7.460	7.191	6.993	6.840	6.719
8	11.259	8.649	7.591	7.006	6.632	6.371	6.178	6.029	5.911
9	10.561	8.022	6.992	6.422	6.057	5.802	5.613	5.467	5.351
10	10.044	7.559	6.552	5.994	5.636	5.386	5.200	5.057	4.942
11	9.646	7.206	6.217	5.668	5.316	5.069	4.886	4.744	4.632
12	9.330	6.927	5.953	5.412	5.064	4.821	4.640	4.499	4.388
13	9.074	6.701	5.739	5.205	4.862	4.620	4.441	4.302	4.191
14	8.862	6.515	5.564	5.035	4.695	4.456	4.278	4.140	4.030
15	8.683	6.359	5.417	4.893	4.556	4.318	4.142	4.004	3.895
16	8.531	6.226	5.292	4.773	4.437	4.202	4.026	3.890	3.780
17	8.400	6.112	5.185	4.669	4.336	4.102	3.927	3.791	3.682
18	8.285	6.013	5.092	4.579	4.428	4.015	3.841	3.705	3.597
19	8.185	5.926	5.010	4.500	4.171	3.939	3.765	3.631	3.523
20	8.096	5.849	4.938	4.431	4.103	3.871	3.699	3.564	3.457
21	8.017	5.780	4.874	4.369	4.042	3.812	3.640	3.506	3.398
22	7.945	5.719	4.817	4.313	3.988	3.758	3.587	3.453	3.346
23	7.881	5.664	4.765	4.264	3.939	3.710	3.539	3.406	3.299
24	7.823	5.614	4.718	4.218	3.895	3.667	3.496	3.363	3.256
25	7.770	5.568	4.675	4.177	3.855	3.627	3.457	3.324	3.217
26	7.721	5.526	4.637	4.140	3.818	3.591	3.421	3.288	3.182
27	7.677	5.488	4.601	4.106	3.785	3.558	3.388	3.256	3.149
28	7.636	5.453	4.568	4.074	3.754	3.528	3.358	3.226	3.120
29	7.598	5.420	4.538	4.045	3.725	3.499	3.330	3.198	3.092
30	7.562	5.390	4.510	4.018	3.699	3.473	3.304	3.173	3.067
31	7.530	5.362	4.484	3.993	3.675	3.449	3.281	3.149	3.043
32	7.499	5.336	4.459	3.969	3.652	3.427	3.258	3.127	3.021
33	7.471	5.312	4.437	3.948	3.630	3.406	3.238	3.106	3.000
34	7.444	5.289	4.416	3.927	3.611	3.386	3.218	3.087	2.981
35	7.419	5.268	4.396	3.908	3.592	3.368	3.200	3.069	2.963
36	7.396	5.248	4.377	3.890	3.574	3.351	3.183	3.052	2.946
37	7.373	5.229	4.360	3.873	3.558	3.334	3.167	3.036	2.930
38	7.353	5.211	4.343	3.858	3.542	3.319	3.152	3.021	2.915
39	7.333	5.194	4.327	3.843	3.528	3.305	3.137	3.006	2.901
40	7.314	5.179	4.313	3.828	3.514	3.291	3.124	2.993	2.888
41	7.296	5.163	4.299	3.815	3.501	3.278	3.111	2.980	2.875
42	7.280	5.149	4.285	3.802	3.488	3.266	3.099	2.968	2.863
43	7.264	5.136	4.273	3.790	3.476	3.254	3.087	2.957	2.851
44	7.248	5.123	4.261	3.778	3.465	3.243	3.076	2.946	2.840
45	7.234	5.110	4.249	3.767	3.454	3.232	3.066	2.935	2.830
46	7.220	5.099	4.238	3.757	3.444	3.222	3.056	2.925	2.820
47	7.207	5.087	4.228	3.747	3.434	3.213	3.046	2.916	2.811
48	7.194	5.077	4.218	3.737	3.425	3.204	3.037	2.907	2.802
49	7.182	5.066	4.208	3.728	3.416	3.195	3.028	2.898	2.793
50	7.171	5.057	4.199	3.720	3.408	3.186	3.020	2.890	2.785
60	7.077	4.977	4.126	3.649	3.339	3.119	2.953	2.823	2.718
80	6.963	4.881	4.036	3.563	3.255	3.036	2.871	2.742	2.637
120	6.851	4.787	3.949	3.480	3.174	2.956	2.792	2.663	2.559
240	6.742	4.695	3.864	3.398	3.094	2.878	2.714	2.586	2.482
∞	6.635	4.605	3.782	3.319	3.017	2.802	2.639	2.511	2.407

191

10	12	15	20	24	30	40	60	120	∞	m / n
6055.847	6106.321	6157.285	6208.730	6234.631	6260.649	6286.782	6313.030	6339.391	6365.864	1
99.399	99.416	99.433	99.449	99.458	99.466	99.474	99.482	99.491	99.499	2
27.229	27.052	26.872	26.690	26.598	26.505	26.411	24.316	26.221	26.125	3
14.546	14.374	14.198	14.020	13.929	13.838	13.745	13.652	13.558	13.463	4
10.051	9.888	9.722	9.553	9.466	9.379	9.291	9.202	9.112	9.020	5
7.874	7.718	7.559	7.396	7.313	7.229	7.143	7.057	6.969	6.880	6
6.620	6.469	6.314	6.155	6.074	5.992	5.908	5.824	5.737	5.650	7
5.814	5.667	5.515	5.359	5.279	5.198	5.116	5.032	4.946	4.859	8
5.257	5.111	4.962	4.808	4.729	4.649	4.567	4.483	4.398	4.311	9
4.849	4.706	4.558	4.405	4.327	4.247	4.165	4.082	3.996	3.909	10
4.539	4.397	4.251	4.099	4.021	3.941	3.860	3.776	3.690	3.602	11
4.296	4.155	4.010	3.858	3.780	3.701	3.619	3.535	3.449	3.361	12
4.100	3.960	3.815	3.665	3.587	3.507	3.425	3.341	3.255	3.165	13
3.939	3.800	3.656	3.505	3.427	3.348	3.266	3.181	3.094	3.004	14
3.805	3.666	3.522	3.372	3.294	3.214	3.132	3.047	2.959	2.868	15
3.691	3.553	3.409	3.259	3.181	3.101	3.018	2.933	2.845	2.753	16
3.593	3.455	3.312	3.162	3.084	3.003	2.920	2.835	2.746	2.653	17
3.508	3.371	3.227	3.077	2.999	2.919	2.835	2.749	2.660	2.566	18
3.434	3.297	3.153	3.003	2.925	2.844	2.761	2.674	2.584	2.489	19
3.368	3.231	3.088	2.938	2.859	2.778	2.695	2.608	2.517	2.421	20
3.310	3.173	3.030	2.880	2.801	2.720	2.636	2.548	2.457	2.360	21
3.258	3.121	2.978	2.827	2.749	2.667	2.583	2.495	2.403	2.305	22
3.211	3.074	2.931	2.781	2.702	2.620	2.535	2.447	2.354	2.256	23
3.168	3.032	2.889	2.738	2.659	2.577	2.492	2.403	2.310	2.211	24
3.129	2.993	2.850	2.699	2.620	2.538	2.453	2.364	2.270	2.169	25
3.094	2.958	2.815	2.664	2.585	2.503	2.417	2.327	2.233	2.131	26
3.062	2.926	2.783	2.632	2.552	2.470	2.384	2.294	2.198	2.097	27
3.032	2.896	2.753	2.602	2.522	2.440	2.354	2.263	2.167	2.064	28
3.005	2.868	2.726	2.574	2.495	2.412	2.325	2.234	2.138	2.034	29
2.979	2.843	2.700	2.549	2.469	2.386	2.299	2.208	2.111	2.006	30
2.955	2.820	2.677	2.525	2.445	2.362	2.275	2.183	2.086	1.980	31
2.934	2.798	2.655	2.503	2.423	2.340	2.252	2.160	2.062	1.956	32
2.913	2.777	2.634	2.482	2.402	2.319	2.231	2.139	2.040	1.933	33
2.894	2.758	2.615	2.463	2.383	2.299	2.211	2.118	2.019	1.911	34
2.876	2.740	2.597	2.445	2.364	2.281	2.193	2.099	2.000	1.891	35
2.859	2.723	2.580	2.428	2.347	2.263	2.175	2.082	1.981	1.872	36
2.843	2.707	2.564	2.412	2.331	2.247	2.159	2.065	1.964	1.854	37
2.828	2.692	2.549	2.397	2.316	2.232	2.143	2.049	1.947	1.837	38
2.814	2.678	2.535	2.382	2.302	2.217	2.128	2.034	1.932	1.820	39
2.801	2.665	2.522	2.369	2.288	2.203	2.114	2.019	1.917	1.805	40
2.788	2.652	2.509	2.356	2.275	2.190	2.101	2.006	1.903	1.790	41
2.776	2.640	2.497	2.344	2.263	2.178	2.088	1.993	1.890	1.776	42
2.764	2.629	2.485	2.332	2.251	2.166	2.076	1.981	1.877	1.762	43
2.754	2.618	2.475	2.321	2.240	2.155	2.065	1.969	1.865	1.750	44
2.743	2.608	2.464	2.311	2.230	2.144	2.054	1.958	1.853	1.737	45
2.733	2.598	2.454	2.301	2.220	2.134	2.044	1.947	1.842	1.726	46
2.724	2.588	2.445	2.291	2.210	2.124	2.034	1.937	1.832	1.714	47
2.715	2.579	2.436	2.282	2.201	2.115	2.024	1.927	1.822	1.704	48
2.706	2.571	2.427	2.274	2.192	2.106	2.015	1.918	1.812	1.693	49
2.698	2.562	2.419	2.265	2.183	2.098	2.007	1.909	1.803	1.683	50
2.632	2.496	2.352	2.198	2.115	2.028	1.936	1.836	1.726	1.601	60
2.551	2.415	2.271	2.115	2.032	1.944	1.849	1.746	1.630	1.494	80
2.472	2.336	2.192	2.035	1.950	1.860	1.763	1.656	1.533	1.381	120
2.395	2.260	2.114	1.956	1.870	1.778	1.677	1.565	1.432	1.250	240
2.321	2.185	2.039	1.878	1.791	1.696	1.592	1.473	1.325	1.000	∞

索引

■ア
iid 85, 86

■イ
イェーツの補正 129
一致性 86

■ウ
ウェルチの検定 117

■エ
F 分布 62, 111, 112

■カ
階級 2
階級値 3
階乗 19
解析的階乗 157
χ^2 分布 58, 96, 123, 127
確率 17
確率関数 31
確率分布 31
確率分布表 31
確率変数 29, 69
確率密度関数 32
片側検定 106
観測度数 122
ガンマ関数 58, 157

■キ
棄却域 102, 105
棄却されない 106
棄却する 103
危険率 105
擬似乱数 76
期待値 36
期待度数 122
帰無仮説 104, 109, 110

■ク
組み合わせ 19

■ケ
原始関数 43

■コ
国勢調査 66
誤差の分布 54
コントロール群 113

■サ
最頻値 6, 10
最尤性 86
散布度 11

■シ
試行 17
事後確率 23
事象 17
指数分布 33
実験群 113
実現値 68
4 分位偏差 16
重心 9
自由度 15, 92
周辺確率分布 149
周辺確率密度関数 149
順列 19
条件付き確率 21
乗法定理 21
処理群 113
信頼区間 89
信頼係数 89
信頼度 89

■ス
推定量 80

■セ
正規分布　41, 49, 70
正規母集団　72
線型合同法　76
全数調査　66
尖度　39

■ソ
相対度数　3
相対頻度　18
層別抽出法　77

■タ
第1種の誤り　108
対照群　113
第2種の誤り　108
代表値　6
対立仮説　105, 107
多段抽出法　77
ダネット法　121
単純無作為抽出法　77

■チ
チェビシェフの不等式　40
中央値　6, 10
中心極限定理　49, 51, 54, 68, 70, 71, 104

■テ
t 検定　107
t 分布　60, 92, 115
適合度の検定　121
適合度検定　124
テューキー法　121
点推定　79

■ト
統計量　70
同時確率分布　149
同時確率密度関数　149
等比率検定　118
等分散検定　111
同分布性　85
独立　24, 49, 68
独立性の検定　126
度数　2
度数折れ線　4
度数分布表　3
ド・モワブル-ラプラスの定理　52, 55, 94

■ニ
2×2 分割表　128
2項分布　39
2項母集団　94
2次元確率変数　148
2重盲検法　109

■ノ
ノンパラメトリック法　121

■ハ
排反　20
パラメータ　39
パラメトリック法　121
半整数補正　54

■ヒ
ピアソンの χ^2 値　122
ヒストグラム　4
左片側検定　106
非復元抽出　21, 68
標準誤差（SE）　87
標準正規分布　44
標準正規分布表　45
標準偏差　13, 14, 38
標本　66
標本値　68
標本特性値　69
標本標準誤差　94
標本比率　94
標本分散　81
標本分布　70
標本平均　70, 81
標本平均の分布　70
標本変数　68

■フ
フィッシャーの直接確率計算法　129
復元抽出　21, 68
不偏推定量　80
不偏分散　82, 154
プラセボ　109
分割表　126
分散　11, 14, 38

■ヘ
平均値　6, 36
ベイズの公式　23
ベータ関数　60, 158

ベルヌーイ試行　25
偏差　7

■ホ
母集団　65
母集団分布　66
母数　67
母比率　94, 118
母分散　67, 98, 110, 111, 115
母分散推定　96
母平均　67, 103, 113
母平均推定　73, 87
ポワソン分布　35

■マ
マルコフの不等式　40

■ミ
右片側検定　106

■ム
無限母集団　66
無作為抽出　67

■モ
モンテカルロ法　76

■ユ
有意水準　105, 106
有限母集団　66

■ラ
乱数表　75

■リ
離散型（確率変数）　3, 30
両側検定　105
理論度数　122

■レ
連続型（確率変数）　3, 30

■ワ
歪度　39

著者略歴

片野 修一郎（かたの しゅういちろう）

1985年　東京都立大学理学部数学科卒業
立教大学大学院，工学院大学，青山学院大学を経て，
現在　東京薬科大学薬学部准教授

2016年4月15日　　　　初 版　第1刷発行

統計学の基礎

　著　者　片野 修一郎　©2016
　発行者　橋本 豪夫
　発行所　ムイスリ出版株式会社

〒169-0073
東京都新宿区百人町1-12-18
Tel.03-3362-9241(代表)　Fax.03-3362-9145
振替 00110-2-102907

ISBN978-4-89641-250-5　C3041

memo

memo

memo

memo